一
步
万
里
阔

未来 **IT** 图解

Illustrate the future of "IT"

物联网

未来 IT 图解 これからの IoT ビジネス

日本 IoT 产业技术研究会／著

株式会社 Delivery Consulting／编

刘 星／译

中国工人出版社

前言

　　智能手机、各类传感器以及摄像头等，能够连接网络的设备作为现实世界的信息源不断增多。据说到 2020 年，将有超过 50 亿个这样的设备发送信息，使得以往不可能实现的数据采集与分析成为可能。

　　在商用物联网所必须的采集、积累和分析数据并制成样本的过程中，负责本书编写工作的株式会社 Delivery Consulting 充分利用世界先进技术，帮助企业提高竞争力。技术日新月异改变了人类的生活。在这一背景下有必要将机器人流程自动化（RPA，Robotic Process Automation）、物联网或大数据等有可能利用于商业的技术作为"技术咨询"提供给客户。

　　近年，有关人工智能、大数据以及物联网的新闻颇受关注，但在商业活动中"如何利用"这一问题上，众多企业尚没有明确的答案。作为商业活动，株式会社 Delivery Consulting 将为有各种问题的客户提供结合实用性技术的有价值的解决方案。

　　我们希望本书读者能够对利用物联网商业的最新案例以及今后的发展有所了解。

株式会社 Delivery Consulting

物联网改变世界

可以管理库存并在最佳时机补充商品

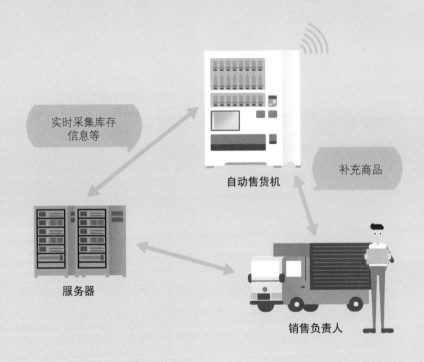

实时采集库存
信息等

自动售货机

补充商品

服务器

销售负责人

街头巷尾和车站见到的众多自动售货机在日常生活中不可或缺。但是，根据季节以及时间段不同，饮料售罄的情况也不少。

伊藤园为了防止出现商品售罄的情况而推动了自动售货机的物联网服务，员工使用平板电脑管理销售状况，采集实时商品售罄信息，提高效率及时补充商品。预计 2020 年东京奥运会、残疾人奥运会时，会有很多外国人访问日本，及时补充商品将会带来很大商机。

物联网 × 垃圾箱推动垃圾采集更加效率

智能垃圾箱

长崎豪斯登堡内设置的"智能垃圾箱"。垃圾箱内安装上传感器，可以自动测量垃圾量以提高垃圾收集的效率。

Big Belly Solar

东京表参道上设置的"Big Belly Solar"。配备了太阳能发电功能，是一台考虑环境不排放二氧化碳的垃圾箱，并且可以实时确认垃圾的堆积情况。

　　街头巷尾设置垃圾箱方便了行人，但垃圾回收成本却很高。主题公园等地则需要工作人员适时确认并采集垃圾，很费工夫。

　　GMOcloud 株式会社、豪斯登堡株式会社、株式会社 hapi-robost 等三家公司联合开发了"智能垃圾箱"，并在豪斯登堡内进行了概念验证。智能垃圾箱就是在垃圾箱内安装检测垃圾量的传感器自动测量垃圾量，远程也能掌握垃圾的积攒量。垃圾超过一定容量后不仅可以从计算机或智能手机上确认，也会有语音传递给佩戴耳机的工作人员。

　　日本 NSW 株式会社和 ArtFactoryGen 株式会社在东京的表参道设置了"Big Belly Solar"并进行了概念认证。因为仅使用太阳能发电，所以是不排放二氧化碳的环保垃圾箱。实时掌握垃圾箱内垃圾量的信息，也实现了收集工作的效率化和削减成本。

有望实用化的"智能隐形眼镜"

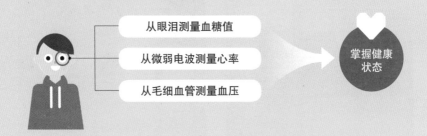

从眼泪测量血糖值

从微弱电波测量心率

从毛细血管测量血压

掌握健康状态

　　伴随着物联网的发展，智能手表或智能眼镜等佩戴在身上使用的可穿戴设备陆续出现，现在正在开发嵌入体内使用的"智能隐形眼镜"。眼科医疗器械的 Universalview 公司开始开发以 2020 年实现实用化为目标的智能隐形眼镜。这种眼镜从眼泪测量血糖值，从微弱电波测量心率，从毛细血管测量血压等，以掌握使用者的健康状态。

解决饮食店人手不足的"再来一杯杯垫"

把空的扎啤杯放在
"再来一杯杯垫"上

向厨房发送点酒信息

送来啤酒

　　株式会社 S-CUBISM 开发出一款"再来一杯杯垫"，杯子底部安装有LED，顾客把杯子放到杯垫上，订餐信息就会被送到厨房，自动点餐和杯中同样的商品。由于一般餐厅是通过店员点餐，往往餐饮送过来需要时间和人力，但是通过"再来一杯杯垫"，店内操作将会更加效率化。

帮助患者防止忘记用药

在用药时间容器点
亮 LED 灯

取药后其信息被传递到
智能手机或平板设备

可以确认用药情况

　　物联网已经引入制药行业。大冢制药和 NEC 联合开发了防止脑梗死患者忘记用药的药物存放盒，到了用药时间，容器的 LED 就会自动亮灯，通知患者用药。从容器中取出药物之后，其信息会自动传递给智能手机或平板设备等专用应用程序。家人也能确认用药情况，有利于护理患者。

从远程也能看护家人的电池

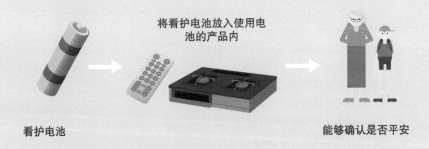

将看护电池放入使用电
池的产品内

看护电池

能够确认是否平安

　　Novars 株式会社开发了将使用电池的产品 IoT 化的"看护电池"。把平时使用的产品的电池换上看护电池，就可以将产品的使用状况在云上可视化。比如说，把每天使用的电视遥控器换上看护电池，"遥控器被使用"这一信息就会通过智能手机等传送，可以确认独身生活的老龄人或一个人在家的孩子是否安全。

目录

PART3
日常生活会如此改变！

PART4
农业、渔业、制造业会如此改变！

PART5
物流和服务业会如此改变！

PART

1

物联网的基础知识

什么是物联网？

物联网通常被称为物品相连的互联网，

那么物联网究竟是什么呢？

让我们了解一下物联网的基本知识吧。

◆ 物品相连的互联网是什么？

　　IoT 是"Internet of Things"的略称，被称为"物品相连的互联网"。是电视、空调、时钟等身边所有的物品都和互联网相连的构造，可利用于各个领域。通过物与物之间的网络连接，从远程操作物品或者确认物品的实时状态等，不需要人的介入就能够实现物与物之间的对话和互动。通过物品和互联网相连接，可以显现出以往不能实现的事情或者实现起来非常花工夫的事情变得容易起来等各种优点。

◆ 物联网连接的物品是什么？

现在，互联网能够连接的物品有计算机或智能手机等信息器械。但是，最近除了电视或录音机等 AV（Audio Visual）器械外，空调或洗衣机等家电也成为联网对象，适用范围不断扩大。在物联网得以普及的世界，从这种日常空间中有的物品，到机器内部配置的温度计或加速传感器、电流计、工厂的机械、大型燃气涡轮机或发电用风车以及太阳能板等，各种物品都能与互联网连接。如字面所示，物联网世界中所指的物品可谓囊括世间万物。也许，随着物联网化的推动，不仅机械，包括服装、餐具或者文具等各种物品之间都会有对话的机会。

物联网能够实现的事情

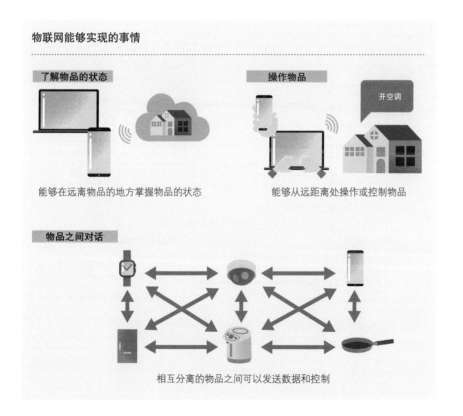

了解物品的状态

能够在远离物品的地方掌握物品的状态

操作物品

开空调

能够从远距离处操作或控制物品

物品之间对话

相互分离的物品之间可以发送数据和控制

◆ 物联网和 M2M（机器对机器）的关系

和物联网有着同样意思的词语是 M2M（机器对机器）。M2M 是 Machine to Machine 的略称，是指物品之间没有人的介入即可相互交换信息的模式。M2M 是物品之间的合作，但是由于其信息在专用的网络内封闭运行，所以不一定会在互联网上传送。而物联网是使用互联网或云进行大范围采集并分析信息，具有为人类提供帮助的倾向或特性。M2M 是以物品相互采集准确信息、使物品高效运行为目标，相比之下物联网所连接的对象并不限定是人还是物，尝试将影响扩大到更大范围。可以说，物联网是 M2M 这一概念进一步发展的产物。

M2M 模式

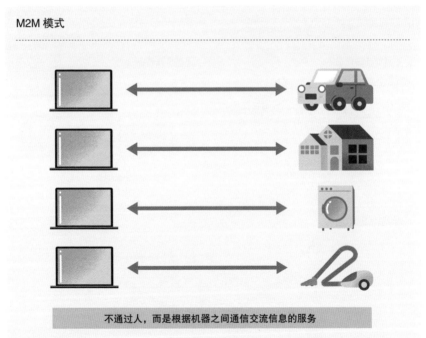

不通过人，而是根据机器之间通信交流信息的服务

M2M 是以物品之间连接进行信号交流并相互控制为目的，而物联网则是物品和人都连接，更大范围地采集数据，并尝试更广泛地利用数据。

◆ 封闭式物联网和开放式物联网

　　根据采集到的数据的不同共享范围，物联网可分为"封闭式物联网"和"开放式物联网"。

　　封闭式物联网只限于企业内部使用，可以说就是指现在的物联网。比如，市场上出现的物联网商品更多只是和自家企业商品连接，因此，操作对象也仅限于自家商品。这就意味着商品的实际安装是在封闭的环境中进行的。封闭式物联网通过自家商品或制造工程的机器相互连接，实现机器高功能化和制造效率化。日本企业数十年前便开始采取这样的措施，对提高工作效率发挥了巨大作用。

　　开放式物联网是将所有物品相连，谁都可以自由使用。为控制封闭性物品拥有的各种功能的程序，经由云变成开放形式，以此向客户提供高级功能。互联网就是基于其结构或技术，以任何人都可以使用的开放式资源化得以发展的。开放式物联网和互联网一样，旨在发展超越企业或组织范围，在所有人都能够活用的开放式基础设施中加以利用。

封闭式物联网和开放式物联网的概念

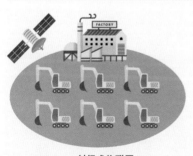

封闭式物联网

仅企业内部使用的限定型的物联网。连接自家企业的商品，实现机器的高功能化和制造的效率化。

开放式物联网

尝试连接所有物品，无论谁都可以自由使用的物联网。

物联网备受关注的理由

通过推动物联网的发展，以实现人与人、
物与物以及人与物连接的世界。
那么，近年"物联网"一词受到关注的理由又是什么呢？

◆ 解决劳动力不足的问题

　　日本劳动人口 2010 年后开始减少。2018 年日本总务省发表的《老龄社会白皮书》预计，到 2065 年日本 65 岁以上的人口将占 38.4%，将会出现世界任何一个国家都未曾经历过的少子老龄化社会。众多商业活动需要确认物品或周边环境的状态，观察、了解变化并做出相应的处理。因此，核对和监控物品的状态，作为业务的一部分不可或缺。日本的农业、护理和零售业等行业，人手不足问题已经显现，而且可以认为这一问题将越发严重。为了解决这些课题，政府通过充分利用物联网和人工智能等尖端技术促进工作的自动化，实现工作效率化和省力化，提升劳动生产率。

老龄化的进展和未来预测

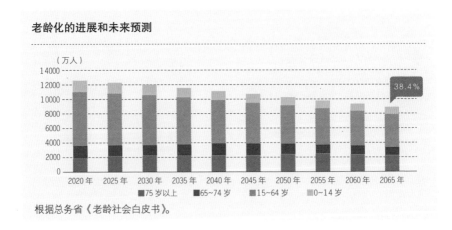

根据总务省《老龄社会白皮书》。

◆ 提升必要装备的性能

物联网受到关注的理由不仅是因为劳动力不足。在人口减少和少子老龄化的同时，日本不断推动技术革新，机械产品更小更便宜，也是重要原因。现在，家电和汽车等各类产品都安装了很多传感器，而传感器在掌握物品的行动或状态方面是不可或缺的要素。随着技术的进步，传感器将日益小型化，性价比也将不断提高。

另外，设备陈旧化也是原因所在。由于道路和公园等公共设施逐渐陈旧后也变得不安全，原本需要迅速检查和维修，但是，劳动力不足的日本往往会压缩从事检查和维修的人员数以及预算。如果设备上安装了传感器，从传感器上获取的信息将使检查和维修更加效率化，也会带来削减人员和预算的结果。

老龄化的进展和未来预测

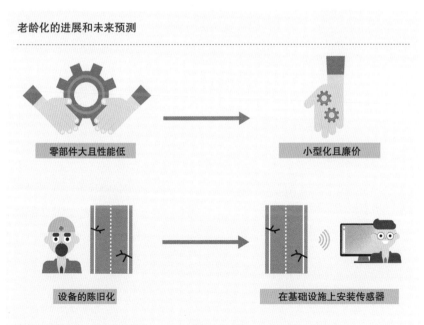

零部件大且性能低　　　　　　　　小型化且廉价

设备的陈旧化　　　　　　　　在基础设施上安装传感器

商品不仅实现了小型化和高性能，还因为搭载了传感器而可以迅速作出判断。

物联网的引进效果和课题

利用物联网会有怎样的好处呢？

在此介绍一下引进物联网的优缺点。

◆ 在人类生活、工作方式、企业产品和销售模式上的变化

如果使用物联网技术，连接了物联网的物品的温度、湿度、气压、声音和光等各种信息都可以通过传感器感知，即便在有一定距离的场所也能够掌握物品的状态。比如农业，塑料大棚内的温度、湿度、日照时间和土壤状态都可以远程监控。在企业，可以确认产品和工厂的运转状况。如果说普通人身边的事，上下学途中的孩子、一个人留在家中的孩子的行动，老年人或宠物的状态等也可以得到确认。如果加上远程操作的按钮，就可以基于获取的信息，调节开或关，做出最合适的控制操作。

◆ 需要措施的安全问题

物联网的最大课题是"安全"。物联网使用大量数据，如果网络连接的机器被黑客劫持，信息有可能被滥用，个人隐私和企业机密等泄露到外部，容易引发诱拐或抢劫等犯罪行为。另外，考虑到物联网作为社会基础设施的情形，由于连接物联网的物品是连接在网络上进行运作的，因此互联网功能无法使用时会产生巨大的影响。需要通过强固的密码、多层认证功能等措施强化安全问题。

物联网使生活更方便

能够远程确认塑料大棚内的温度、湿度、日照时间和土壤的状态等，解决问题变得容易。

能够实时确认儿童、老年人和宠物的状态。

通过远程操作控制自家家电，使生活更加效率化。

有必要更加注意安全问题

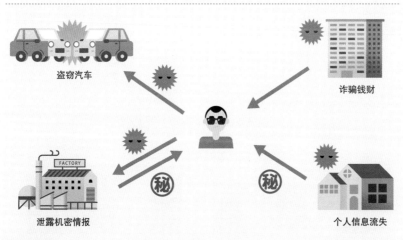

通过物联网，个人信息在不知情的情况下被采集。如果黑客导致信息泄露，将给社会带来很大负面影响。

物联网的市场规模

近年，物联网市场急速扩大，预计今后数年间规模将会发展为现在的 2 倍。
在商业上利用物联网的企业增加，其适用领域也开始多样化。

◆ 2022 年将超过 12 兆日元

在各种统计资料中都有物联网市场规模预测的公开数据，根据 IDCJapan 株式会社 2018 年 3 月发表的《国内物联网市场规模》统计，日本物联网市场中企业的支出额在 2017 年是 6 兆 2286 亿日元，5 年后的 2022 年预计将会急速增长至 2017 年的 2 倍，即 12 兆 4634 亿日元。

日本企业以组装制造、运输服务、公共公益等大型企业为主体率先使用物联网，使用率切实提高。从使用目的看，提高工作效率或降低成本成为主因，另外也包括安装配置机器以及提高社会基础设施的利用效率。物联网市场不断扩大的原因有劳动人口减少、应对先进技术的迟缓、以东京奥运会和残奥会为背景的经济景气上扬等。

到 2022 年市场规模将扩大一倍

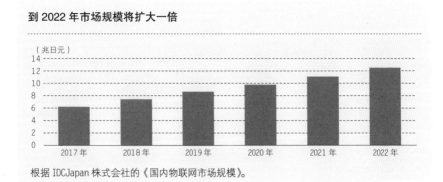

根据 IDCJapan 株式会社的《国内物联网市场规模》。

◆ 面向普通消费者的物联网市场的成长

物联网由大型企业和公共机关主导引入，但在不远的将来，面向普通消费者的市场也将被激活。具体而言，能够使住宅内的家电产品、空调设备、电气和燃气等基础设施更有效使用的智能住宅市场，将会有很大发展空间。目前，物联网的使用有职业种类或行业的偏重，但是未来会跨越产业障碍推动数据的使用，物联网的发展将会更上一层楼。

面向一般消费者的市场将会扩大

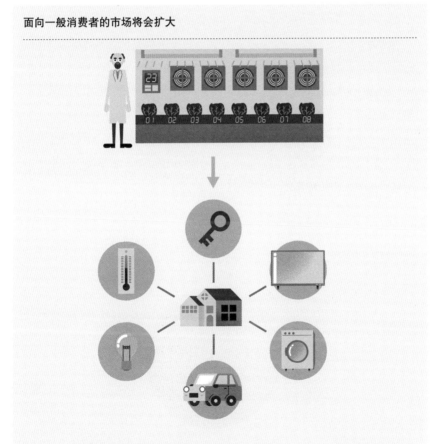

预计被工厂或农场等生产一线引进的物联网，今后将以智能住宅为中心向普通消费者领域扩展。

推动引进物联网的行业

我们看看目前在推动引入物联网的行业

以及通过引进物联网今后将发生巨大变化的行业。

◆ 将业务自动化的物联网

株式会社 MM 总研 2016 年发布的《物联网引进状况调查》结果显示，40.6% 的制造业企业使用物联网，其次是信息通信业和服务业。在制造业一线，为了提高生产率和品质，确认和监控开工状况是必不可少的，因此倾向于使用物联网。

根据 IDCJapan 的调查显示，到 2017 年，积极引入物联网的领域包括精密仪器、光学仪器、重工业、产业机械和造船业等"组装制造"，包括化学、食品饮料、纺织和钢铁等在内的"流程制造"，以及"政府省厅""公共公益"和"交叉产业"等。这些领域虽说有资金能力，但竞争激烈，为了生存积极推动工作效率化也是实情。

制造业引领物联网

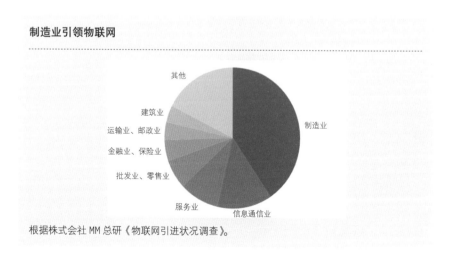

根据株式会社 MM 总研《物联网引进状况调查》。

◆ 活用数据是重点

引入物联网时的重点包括"运行成本""可靠性""可用性""可维护性"和"安全"等。着眼未来，物流网要像迄今为止 IT 行业那样，不仅引入系统，还要通过分析数据，使数据在效率化和便捷化的基础上发挥作用。为此，不应该局限于简单的采集信息，拥有综合判断、设计服务的能力变得尤为重要。

仅停留在采集层面的数据意义肤浅，需要判断这些数据的哪些部分拥有价值，又如何更好地充分运用。物联网被广泛利用后，对企业方和顾客方都会带来价值，不远的将来也会使企业和顾客的关系发生变化。

活用数据创造新服务

如何使用各种机器采集来的数据是今后的重点。综合判断不仅对于提高效率，对于创造新服务也将变得尤为重要。

SECTION 06

物联网的
适用范围

将所有物品与网络连接的物联网因产业和行业

不同而具有各种各样的使用方法。

今后，很有可能由物联网产生新服务或产业。

◆ 制造业和能源产业

在制造业中，人们期待开发出"智能产品"，即能够从产品内配置的传感器和摄像头采集的信息，经由网络传送给客户并进行管理。而在制造方面，通过安装在制造设备上的传感器采集分析运转状况、运转时间和合格品数量，不仅可以提高生产效率，也可以利用在机器的预知保全和产品在库管理上。

在由能源产业构成的电气、燃气和自来水等基础设施方面，物联网可以弥补劳动力不足。在需要查表的机器上安装传感器，可以实时掌握使用状况，设定调整供需平衡、根据使用时间和使用量进行细微调节的使用费用。

物联网的主要适用领域

适用范围	适用内容
智能仪表	控制和测算电气、燃气等的使用费
传感设备	采集物品和场所的传感数据
远程控制与远程读取信息	向汽车和运输车辆提供信息服务
结算	远程终端结算
安全	住宅安全或监护服务

物联网适用于各种领域。伴随着物联网的普及，其适用范围将进一步扩大。

◆ 走向公共基础设施、金融和个人消费领域

服务业和零售业中，通过店内设置的传感器，分析商品和人员的配置并进行最佳化，以推动业务的效率化。在纺织行业，开发了只要站在镜子前，不用真的换衣服就可以切换到改变颜色或服装搭配功能的"智能镜子"，并根据购买记录等数据为客户选定最合适的商品。

在金融业，已经实现了智能手机和结算系统联动进行简单结算的系统功能，而且预计不久的将来，可以不依靠设备而使用生物认证系统进行结算。

智能镜子改变试装形式

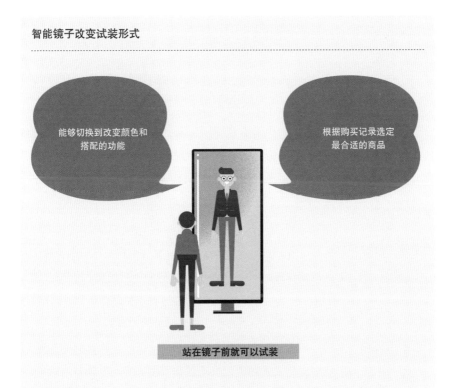

只要自己的身影映在镜子里就可以在不用换装的情况下确认各种服装和改变颜色，也能确认看不见的背后部分，今后试装体验将会有很大的改变。

专栏 | 围绕物联网的话题

物联网的现状
——国外和日本

世界和日本引入物联网时的观念

世界

不管怎样
先引入试试！

日本

不会出问题吧？
如何处理安全问题呢？

　　物联网将会给未来生活带来巨大冲击，但是与国外相比，日本起步晚也是实情。

　　日本比起落地普通家庭，企业主导引入新技术的倾向更为明显。实际上，在物联网一词像现在这样使用之前，尤其是在制造业，就已经引入推动生产线机械化、利用图像识别保证产品品质等与物联网概念有所重叠的机器。绝不是只有日本拖了物联网发展的后腿，而是从进入普通家庭的方式或日常生活中的接触方式等角度看，日本有些相形见绌。

　　当新技术出现时，也会存在对待其的结构性问题。以美国为代表的国家一般会先用起来，出了问题再想办法解决。而日本则是在事前考虑会不会出问题，如何解决安全问题等，解决了这些必须处理的问题后方才引入。

　　正是由于这种社会性差异，当产生新技术时就会出现差距，这也成为日本引入新技术的绊脚石。近来，日本行政部门认识到这种社会性差异，开始考虑如何避免引入无人机和汽车自动驾驶等技术时产生障碍的对策。为了不在物联网方面落后于世界，需要官民一体在完善法律、活用特区等方面互相配合、共同努力。

PART

2

物联网的运行
机制与技术

物联网的运行机制与流程

物联网、大数据、人工智能和云等每个
主题都不是独立个体，而是通过相互关
联发挥相乘效果。

◆ 物联网的三大功能

　　物联网是通过将身边所有物品都与互联网连接以方便生活和工作的跨
时代技术。那么，物联网的运行机制是什么？一般是由①采集、转发信息，
②积累信息，③分析、利用信息这三点组成的。

物联网的整体结构

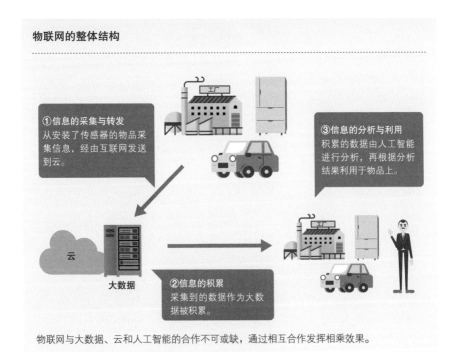

①信息的采集与转发
从安装了传感器的物品采集信息，经由互联网发送到云。

③信息的分析与利用
积累的数据由人工智能进行分析，再根据分析结果利用于物品上。

②信息的积累
采集到的数据作为大数据被积累。

云

大数据

物联网与大数据、云和人工智能的合作不可或缺，通过相互合作发挥相乘效果。

①信息的采集与转发

从安装在物品上的传感器获取周边的状况和动态等信息。物联网机器一定会使用外装设备，由于设备内安装了传感器，也就可以采集到设备的状态和周边的信息。

比如，安装了物联网机器的可穿戴设备，仅仅戴在身上就能够自动获取心率和血压等数据。传感器包括安装在智能手机上的探测声音、照明度和加速度等的传感器，也包括温度、湿度、压力、超声波电磁气、人脸和指纹等人体传感器等。总之，存在着相当于人类五官的感觉、读取自然界物理现象和化学性质等各式各样的传感器。从这些传感器采集的信息会通过互联网发送到云。

②信息的积累

通过传感器采集到的信息作为大数据被积累起来。事实上，物联网与大数据关系紧密。大数据是以往的数据库管理系统没有记录和保管的庞大数据，不仅是信息量大，其种类形式更是纷繁多样。

③信息的分析与利用

积累的大量数据通过人工智能进行分析，得出的分析结果作为必要信息进行数字化，通过在物品上的共享提供新服务。这也需要以互联网为媒介。如果以人作比喻，就是作为神经的"互联网"、作为脑的"云"、作为手脚的"机器人"或"物品"。分析结果会反馈到人、物品和机器人等，由此，迄今为止没能解决的问题或课题也将迎刃而解。

构成物联网的技术要素

从整体上看，物联网是采集、积累、分析信息并
基于分析结果利用信息的过程，但是为了实现这
一过程却需要各种技术要素。

◆ 连接互联网的"物品"

为了实现采集、分析、利用信息的物联网，"物品""传感器""互联网"和"信息处理"四要素缺一不可，各要素发挥的作用如下所示。

① 物品

第一个是"物品"，这里所指的物品包括所有物体。比如，从日常生活中的智能手机、时钟、眼镜这些可以随身携带的物品，到洗衣机或电冰箱等家电制品、汽车和计算机等耐用消费品都包含其中。其他还有设置在工厂内的产业机器等。近年来，能够应对物联网的物品急速增加，将来也许像铅笔、尺子和记事本等文具、餐具或烹调用具都有可能连接上物联网。

② 传感器

第二个就是"传感器"。为了感知物品本身和其周边环境的状态并采集数据，传感器不可或缺。有能够检测出物品形状和位置的，也有能够测试光、声音、温度、湿度和加速度的传感器。物联网是传感器与"物品"的组合，从什么样的对象获取什么数据就变得尤为重要。根据传感器与不同物品的组合，就能获取各种数据。

③互联网

第三个是"互联网"。安装在物品上的感应器获取信息后必须进行分析与处理。因此，有必要在感知物品状态并读取数据后，将数据输送到像计算机一样可视化的终端。发挥这一作用的就是互联网，传感器采集到的所有数据通过互联网被送往计算机。现在，一般使用 Wi-Fi 或 Bluetooth 这样的无线互联网，什么样的数据以什么频率发送，需要按照内容和用途选择最合适的互联网。

④信息处理

第四个是"信息处理"。经由互联网传送来的所有信息数量庞大或被加密，为了便于理解，必须提取整理数据，解析后进行最低化处理。目前，急速开发中的"人工智能"，其最终目标就是发现之前未能注意到的数据间的关联性并加以解析，进而实现预测及最优化。

物联网的构成要素

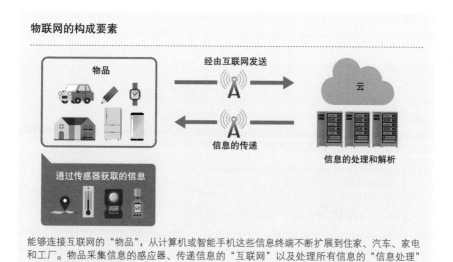

能够连接互联网的"物品"，从计算机或智能手机这些信息终端不断扩展到住家、汽车、家电和工厂。物品采集信息的感应器、传递信息的"互联网"以及处理所有信息的"信息处理"都是物联网不可或缺的要素。

安装上传感器的物品

将传感器安装在物联网物品上，物品就可以采集物品本身及其周边状况的信息。由于种类众多，因此需要选择和目标相匹配的传感器。

◆ 将现实置换成数据的传感器

物联网的中枢是传感器，在物联网的对象物品上安装传感器，能够检测出物品的状态，操作物品和实现物品之间的通信及相互控制。传感器种类繁多，有的用于读取物品有无或物品形状，有的用于检测重量和压力，有的用于读取速度、声音、振动、热量、光、电压、味道和味觉等。比如，安装在智能手机上的传感器包括加速度传感器、感知并检索声音的声音传感器、为了调整画面亮度而检测出终端周边光亮的光电传感器以及识别指纹的指纹传感器等。这些传感器在日常生活中已经成为身边之物。近年，随着利用物联网的设备的普及，传感器的需求也随之扩大，期待今后进一步的发展。

传感器的作用

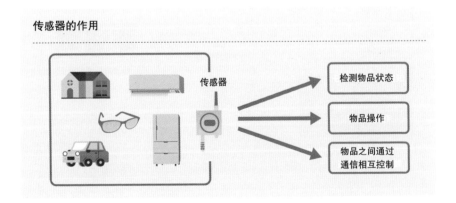

◆ 能够检测问题的传感器

如果使用读取电磁的传感器测量磁场强度，测量从磁场强度向电线内部的电流，就可以检测出有无磁性，识别物品的有无和形状。读取金属变形时电阻的变化，检验材料弯曲和伸缩情况的弯曲传感器也使用了读取电磁的传感器。

读取红外线的温度记录器以及检测热辐射并测量温度的光高温传感器等，读取光的传感器作为与图像识别不同的传感器加以利用。除此之外还有检测燃气、气味等气体原属化学性质的传感器等，使用领域十分广泛。

物联网使用的主要传感器及其用途

传感器名称	用途
光传感器	自动门、遥控器装置、室外电灯等
温度传感器	空调及其相关设备、热水器、发动机等
湿度传感器	空调及其相关设备、农用自动灌水
压力传感器	洗衣机或浴缸的水位测定、血压计、体重计、吸尘器等
加速度传感器	安全气囊、汽车导航等
图像传感器	车载摄像头、无人机等
距离传感器	自动驾驶、机器人等
地磁传感器	汽车导航等
陀螺仪传感器	汽车导航、智能手机、数码摄像头等
全球定位系统（GPS）	汽车导航、智能手机等

设备的作用：
"传感"和"反馈"

通过将利用物联网设备采集到的数据用可以
利用的形式反馈给人或物品，就有可能创造
出新的价值。

◆ 采集一切信息的"传感"

利用物联网的设备通过传感器采集并且将设备状态及其周边环境状态予以数据化，再经由互联网发送到云，这被称为"传感"。状态是指比如家中门锁的开关状态，室内的温度、湿度、照明的开与关等。

通过传感获取的信息会将处理结果显示为图像或通知给使用者，根据测定结果调节设备等一系列的"反馈"工作不可或缺。通过"反馈"，我们可以了解数据是如何被利用的，还存在哪些需要解决的课题。因此，对于物联网而言，"传感"和"反馈"是最重要的两大要素。

传感和反馈的过程

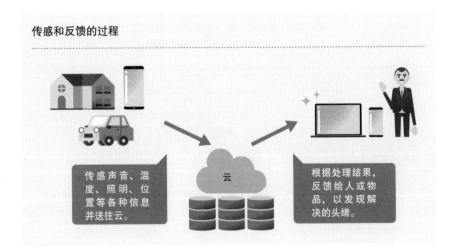

传感声音、温度、照明、位置等各种信息并送往云。

云

根据处理结果，反馈给人或物品，以发现解决的头绪。

◆ 反馈的"可视化""通知"与"控制"

反馈是接受了来自云的通知后进行显示、通知、操作信息，可分为"可视化""通知"与"控制"三种。

采集到的数据能够在计算机或智能手机等画面上确认被称为"可视化"。比如，通过将房间的温度或湿度的具体数值可视化，人类可以控制环境。

"通知"是从物品上检测到的信息通知设备的过程。如果用浴缸作比喻，就是热水的量达到一定程度后会发出警告通知。冰箱里的某种食材减少或洗涤液等日用品用尽时，通知将使生活更加便利。比如经常出现的家门钥匙忘记从锁孔拔出，离开钥匙一段距离后会通知主人的机器正在步入实用化阶段。

"控制"是指可视化和通知不必通过人而自动控制或工作。比如，只有特定的人接近时门锁才会打开，进房间后电灯或空调的开关自动打开都属于"控制"。

反馈的 3 要素

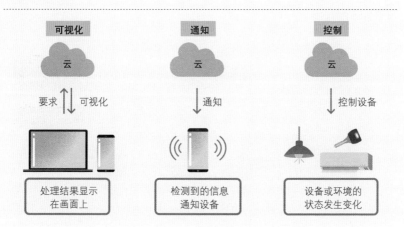

连接物联网设备的 "网络"

为了将物品采集到的数据予以可视化，

网络的存在不可或缺。

网络意味着连接着互联网，而通信也有几种方式。

◆ 直接与物品连接的"直接通信方式"

从物品采集到的数据通过互联网传送到服务器或云等，而承担发送数据功能的就是"网络"。物联网使用的主要通信手段，包括"直接通信方式"和"设备网关方式"两种。

直接通信方式是指设备直接连接到互联网的方式，需要配置连接到座机线路、手机的 3G/4G 线路、Wi-Fi 等互联网上的通信功能。直接通信方式可覆盖范围广，但是如果身边的物联网设备都直接连接到互联网，那么不仅成本，仅从电力消费的角度看也不现实。

传感和反馈的过程

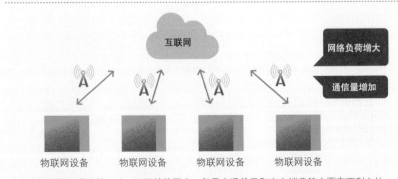

设备直接连接互联网的方法。可覆盖范围广，但是在通信量和电力消费等方面有不利之处。

◆ 通过网关的 "设备网关方式"

设备网关方式是经由互联网等和云上的服务器直接通信的方式。网关像路由器一样运作，承担着物品和互联网中继的功能，与在物品上安装通信机器相比更便于控制成本和消费电力等。经由网关，众多物联网设备可以高效连接。设备网关方式能够将采集到的多个物联网设备的信息传送到服务器，或者把服务器的信息传送到相匹配的物联网设备。

连接网关使用 Wi-Fi 或 Bluetooth 等无线方式，而更适用于物联网的通信规格也在不断扩大。"ZigBee" 有在睡眠状态或节电模式时待机耗费电力小、复原时间短的特点，适用于以一定间隔进行数据通信的情况。"Z-Wave" 是以弱电、长时间运转为设定规格的，使用于包括照明调节器等的智能家居产品。

网关并不仅限于室内，农用机械也会涉及室外安装。当然，根据设置场所和环境，也存在信号不稳定和如何接电源等问题。

设备网关方式

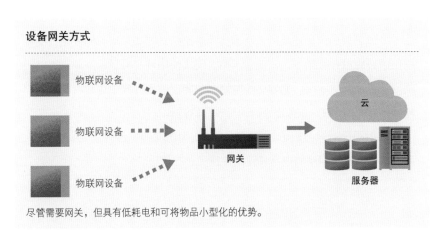

尽管需要网关，但具有低耗电和可将物品小型化的优势。

可以处理庞大数据的
应用程序

收集数据并分析、可视化，

负责这一环节的

正是应用程序。

◆ 应用程序使活用数据成为可能

应用程序（Application）的功能简单说就是将积累的数据抽出进行分析或可视化，并进行模拟预测。根据处理结果作出各种判断，也是应用程序的功能之一。

数据分析有从积累的数据中抽取特定数据进行利用的情况，也有从大量数据中发现特征，选出与这一特征一致的数据的情况。由于无论哪种情况都要抽取数据，也就都需要快速处理的速度。特征一致数据的工作还需要更高级别的解析处理能力，抽取特征则需要利用人工智能。

经过分析的数据需要用人类容易理解的坐标图表示或者图表化，而可视化的功能也种类繁多。关键在于能否便捷使用和实时显示。如果想时时刻刻掌握变化的状况，就需要实时绘图功能。应用程序中也有与微软公司的 Excel 和 PowerPoint 操作相同的可视化软件。

应用程序一般与传感器和网络组合作为物联网平台服务提供给客户，客户则根据应用程序的内容和使用便捷性选择服务。

实际上进行处理的是应用程序

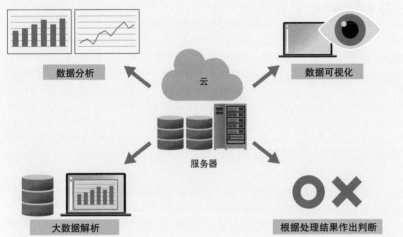

数据分析

云

数据可视化

服务器

大数据解析

根据处理结果作出判断

将采集到的数据处理为有用的形态就是"应用程序"的功能。应用程序会面向商业或不同产业进行设计。

物联网平台的作用

设备商业 能够在云上一揽子管理从物联网设备的登记到管理、维修点检、接续设备的监视等。	**采集、保存数据** 提供采集和保存数据不可或缺的连接互联网的环境和通信组件、云服务。
数据的可视化 采集到的数据实时显示或做成坐标图表示。	**数据分析** 分析采集到的庞大数据，对分析结果进行日常性的监控并利用于商业活动。

与构筑个体物联网相比，这种模式省时省力，可以节省时间、削减成本。

众多企业建立并提供物联网平台服务。由于拥有各自不同的擅长领域，因此基于判明特征的选择就尤为重要。

物联网中备受关注的
无线技术 LPWA

物联网需要使用 Wi-Fi 或 Bluetooth 这些无线通讯
的产品，而近年来无线通信技术 LPWA
备受瞩目。

◆ 和速度相比更重视耗电的 "LPWA"

与传统互联网通信不同，由于物联网高速且高频度的进行数据通信，需要能够长时间操作的低耗电技术，作为新无线通信技术在这方面受到关注的就是 LPWA。

LPWA 意为 "Low Power（节电）、Wide Area（广域）"，即在保持低耗电的同时又能够在广大区域利用的无线通信技术。我们身边的无线技术，包括 Wi-Fi 或 Bluetooth，以及智能手机使用的 3G、LTE 等都广为人知。但都相对适用于播放音乐、观看视频等数据通信量较多的情况，不适合耗电大、长距离的通信。利用物联网有必要将从传感器获取的大量数据发送给云或服务器，分析累积的数据。因此，物联网需要低耗电、运作成本低的无线技术。

低耗电、广大区域的 LPWA

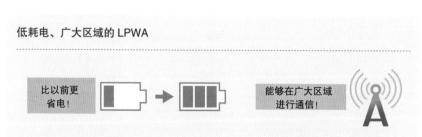

比以前更
省电！

能够在广大区域
进行通信！

可以说 LPWA 不是关注通信速度，而是考量低耗电、广大范围、低成本、面向物联网的通信方式。

◆ LPWA 的三个特征

作为下一代通信技术受到关注的 LPWA 有广域、长距离通信，低耗电，低比特率三个特征。

首先，广域、长距离通信可以说是 LPWA 的最大特征。长距离通信根据规格有所不同，Wi-Fi 大约 100~300 米，Bluetooth 大约 10~100 米左右。LPWA 理论层面能够实现大约 50 公里，与 Wi-Fi 和 Bluetooth 等其他通信方式相比具有压倒性优势。

其次，是低耗电。正如介绍的那样，现在主流通信规格耗电量大。比如，智能手机连接上 Wi-Fi 之后电量消耗得很快，这是由于 Wi-Fi 通信处理的复杂化倾向所导致的。但 LPWA 实现了低耗能，一枚纽扣电池就能使用数年。

最后，是低比特率。LPWA 能够实现广域、长距离通信和低耗电的原因是控制、降低了通信速度（低比特率）。由于物联网仅仅需要将安装在设备上的传感器所获取的数据发送即可，适用于简单通信处理。

LPWA 的种类

LoRa	SIGFOX	NB-IOT
使用 920MHz 频段。通信速度在 250kbps 左右，通信距离在 10~20 公里左右。	使用 920MHz 频段。通信速度 100bps 左右，通信距离在 3~50 公里左右。	由进行 LTE 标准规格制定的 3GPP 定义。通信速度上行 63kbps，下行 27kbps。低成本是其特征，包括日本在内的 25 个国家的主要城市正在使用。

LPWA 有各种规格类型，具有代表性的有 "LoRa" "SIGFOX" "NB-IOT" 三种。

支持物联网的
通信方式 5G

支持物联网时代正式到来的是下一代通信方式 5G 技术。

5G 是什么样的技术，与物联网又有着怎样的关联呢？

◆ 手机的 5G 也适用物联网

　　5G 就是"第 5 代移动通信系统"，有着"超大容量通信""超低时延通信""超大数量终端连接"的特点。目前，3G 或 LTE 等通信模式是主流，但是移动通信方式哪怕只是经过一代人就会发生变化。

　　20 世纪 80 年代出现的手机通信方式是"1G"，用于语音通话；到了 20 世纪 90 年代，数字化使得文本发送成为可能，这就出现了"2G"；2000 年之后，3G 得到普及，由于实现了高速数据通信，可以轻松浏览全球广域网网站；之后智能手机普及，伴随着 2010 年后 4G 的推广，超高速大容量通信成为现实，人们可以舒适地利用各种网络服务。

　　2020 年，物联网加速发展，预计庞大数量的设备将被连接到网络上。不仅是智能手机，所有物品都需要同时通信，通信量也会变得庞大，实现高速、大容量通信的 5G 技术实用化也就势在必行。

5G 的规格目标

◆ 开始提供服务

2020 年，5G 商业化广泛推开，世界通信业企业和机械厂商已经开始行动。日本软银开始了首家面向物联网机器的 LTE "NB-IOT"和 "Cat.M1"的商用服务，准备了月资费 1 户 10 日元（月包 10KB）的套餐，为创造新的商业和价值提供了机会。

NB-IOT 低价格、低耗电，能与 LTE 共存。最大通信速度上行63kbps，下行 27kbps 左右，低速适用于智能表针或智能停车等小数据容量的使用。虽然通信速度慢，但是由于使用的频率波段窄，预计可以应对目前规模 100 倍的终端。

Cat.M1 只使用 LTE 部分频率波段，实现了通信组件低价格、低耗电的规格。最大通信速度上行 1Mbps，下行 0.38Mbps，适用于能够拨打紧急通话的电梯或管理业务用车等的车队管理（Fleet Management）工作。

NB-IOT 和 Cat.M1 的概要

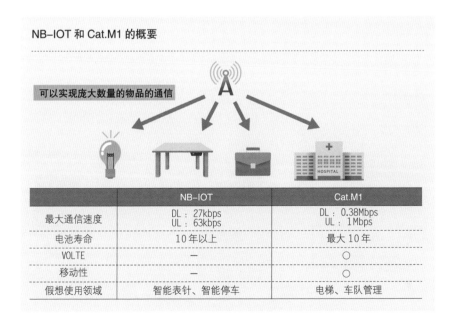

可以实现庞大数量的物品的通信

	NB-IOT	Cat.M1
最大通信速度	DL：27kbps UL：63kbps	DL：0.38Mbps UL：1Mbps
电池寿命	10 年以上	最大 10 年
VOLTE	—	○
移动性	—	○
假想使用领域	智能表针、智能停车	电梯、车队管理

物联网使用的
主要协议

物联网需要使用网络数据交换规则。

为了让比以往更多的机器畅通无阻地连接互联网，

新规格正在策划制定之中。

◆ 通信规则也开始适用于物联网

　　物联网不仅针对物品通信，从物品到信息通信机器或物品之间也进行通信，需要通信畅通无阻。机器之间需要基于一定规则进行通信，而规定网络通信规则的被称为"通信规则"或"网络规则"。

　　协议是通信活动中必不可少的存在，连接互联网或收发邮件等需要使用各种专用协议。物联网同样如此，为了机器之间或者向云以及服务器发送数据都需要通信协议。

通信协议的机制

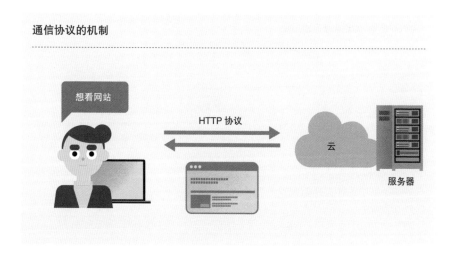

◆ 轻量且可以收发信的协议

物联网需要通信畅通，其中引人瞩目的是专用协议"Web Socket"和"MQTT"，其特点是都可以相互通信。

Web Socket 原本是按照 HTML5 数值范围构想的，主要是网站浏览器和服务器之间的通信，主流网站浏览器都有安装，使用方便。这是一种简化版的 HTML 协议，可以低成本进行双向通信的结构，但无法在没有服务器的环境里通信，利用于物联网时必须安装服务器。物品之间的数据传输也必须通过服务器，如果服务器出现故障，将出现物品之间无法"交流"的危险性。

MQTT 是 1999 年由 IBM 公司和 Eurotech 公司共同设计的协议，其设想是从低波段且内存容量小的传感器或设备等发送信息。它采用 Pub/Sub 型模式，与 Web Socket 可以相互收发信息，是适合物联网使用的轻型协议。Pub/Sub 型的数据"交流"是数据由发信方发行（Publisher），由收信方订阅（Subscriber），两者之间使用中介数据的 MQTT 服务器。MQTT 的协议标头尺寸最小为 2 字节，这种轻量数据适合需要控制电池消耗的移动通信。

MQTT 最适合发送小数据

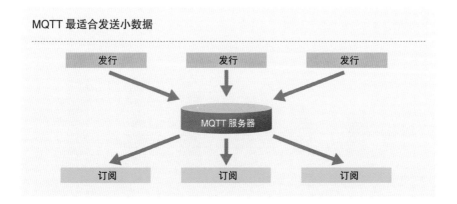

物联网的关键是
"数据库"

近年，通过物联网采集、利用数据备受瞩目。
物联网的数据库需要复杂处理也能接近实时处理速
度进行操作的高功能。

◆ 物联网改变了数据库的机制

　　物联网时代即将到来，而令人忧虑的是"信息量增加"和"数据库"。所有物品都连接到互联网，信息量也随之膨胀。日本总务省发表的《信息通信白皮书 平成 29 年度版》（2017 年）中预测，到 2020 年物联网设备将扩大到大约 300 亿个，信息量或将倍增。

　　物联网为了处理庞大的数据，系统的负荷也极为沉重。以往应客户要求传送信息，而物联网则需要将无数台设备送来的数据使用多台服务器进行处理，向客户提供有益信息。无法开发并提供高处理能力数据库的企业，可能无法应对这样的要求。

物联网设备数量的推移与预测

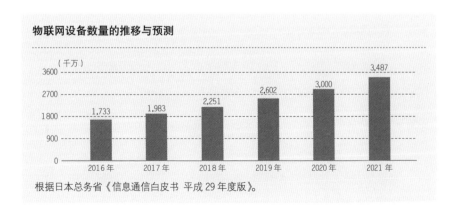

根据日本总务省《信息通信白皮书 平成 29 年度版》。

◆ 数据创造新价值

以往为了采集积累数据，通常使用关系型数据库（RDB），即像 Excel 图表那样用行和列管理。但是，物联网需要多方面分析并高速处理从物品发来的数据的能力。同时，因为有可能不同形式的数据混在一起，需要处理各种形式的数据进行保存的能力。另外，物联网数据实时分析的需求很高，数据的采集范围越广，传感器的台数以及数据的容量都将越发庞大。RDB 特化于从固定形式的数据中检索或抽取，但不适合处理查询物品之间的关联性以及发现人类尚未预测到的数据之间的关联性。

作为替代 RDB 的数据库正在普及 "NoSQL"。主要分为键值（Key-value）型，列存储（Column-oriented）型和文档（Document）型三类数据模型。键值型是一个 Key 值对应一个 Value 值，以组合的形式保持数据的方式，机制简单且结构单纯，能够进行高速处理。列存储数据库是一个 Key 拥有众多的列，接近 RDB 的结构。由于列的信息汇集是高速的，适用于总计处理或分析处理。文档型是指一个 Key 拥有 JSON 或 XML 等形式的数据（文档）。数据结构的自由度高且无模式（Schemaless），可以灵活运用复杂的数据。

NoSQL 的三种数据模型

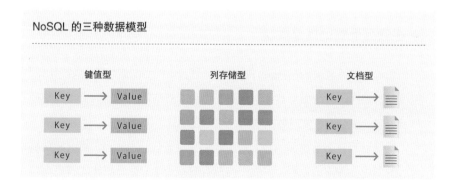

提高物联网效率的
边缘计算

从物品送来的数据全部发送给云，

信息量会增加，处理也耗费时间。

由此产生了在离物品近的末端进行处理

以减轻负担的想法。

◆ 在末端进行分散处理

物联网时代的忧虑之一就是设备数量的急速增多，以及随之而来的信息量剧增。如果想发送采集到的全部数据，网络恐怕会发生延时，而数据容量越大越有可能带来数据损坏。因此，让设备方拥有处理功能的"边缘计算"引起了人们的关注。

边缘计算以 DNA 解析或气象预测等使用的分散处理思路为基础，一个系统处理需要大量时间，而将其分成网络合作的多个系统就可以高效处理。

◆ 在物品近侧处理是关键

边缘计算在靠近物品处进行计算机处理。由于在最近的距离进行处理，也就没必要向远方的服务器发送数据，从而节省信息量。同时，在近处处理反应快，也有助于实时数据解析。

边缘计算在靠近物品的地方使用人工智能进行首次处理，筛选和抽取向云数据中心传输的数据。因此，与所有数据都集中在云相比能够更高效地使用网络。总之，其最大优势是可以向在场的人或物品迅速提供信息，从而有望利用于营销领域。

边缘计算的概念

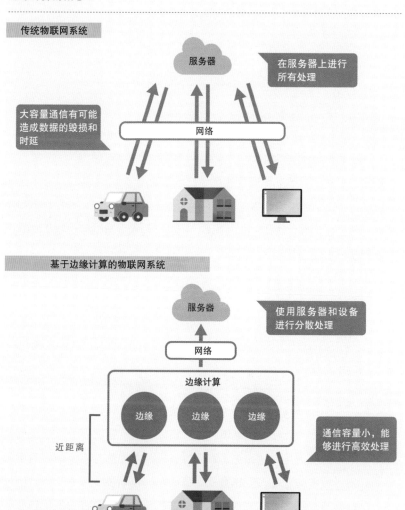

传统物联网系统

服务器

在服务器上进行所有处理

大容量通信有可能造成数据的毁损和时延

网络

基于边缘计算的物联网系统

服务器

使用服务器和设备进行分散处理

网络

边缘计算

边缘　边缘　边缘

近距离

通信容量小，能够进行高效处理

推动物联网的
低功耗技术

物联网领域比以往更加重视机器的节电性能。
与其给小物品安装电池，不如考虑太阳能或物理运
动发电。

◆ 重新认识 10 年前的技术

以往的半导体集成电路是一定要尽可能将工艺节点做小，工艺节点是指安装在半导体上的晶体管配线尺寸，近年微型到 10 纳米的半导体已经实现了商品化。通过提高集成度，众多功能被整合在一起，运行能力和性能都得到提高，电力消耗也随之下降。但是，最近发布的假想物联网时代的处理器，出现了采用 20 年前技术水准的 180 纳米处理器。尽管长期以来都在追求降低处理器电力消耗、推动微型化，但物联网所需求的是更加节电的超低耗电处理器。

◆ 低耗电的优点

如果推动超低耗电，即便不安装电池，也可以通过小型太阳能电池板或者热电堆将热能转换成电流。如果得以实现，物品就可以摆脱电池束缚，不再需要更换电池，更不需要准备安装电池的地方。如果是不需要频繁发送数据的物品，发送数据之前的时间段切换成睡眠状态，就可以控制电能消耗。与工艺节点小的半导体相比，工艺节点大的优势在于可以设计成低耗电半导体。基于这点，旧技术被重新认识。在处理速度

方面，处理越花时间，睡眠状态的时间也就会相应减少，因此开发中需要寻求平衡。

DOKOMO 的低功耗技术 "eDRX"

DOKOMO 公司推出了将物联网通信机器电力消费降至 1/5 的通信技术"eDRX"。这是 LPWA 的一种，便于在即使很难确保电源的地方也可长期设置物联网机器。

DOKOMO 的低功耗技术 "eDRX"

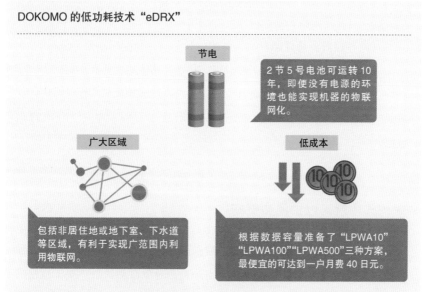

KDDI 于 2018 年 1 月起，在日本国内开始了一户月使用费 40 日元的物联网通信服务。"节电""广大区域""低成本"三个特点有助于物联网在各个领域的利用。

物联网时代受到关注的
存储器技术

如何处理不断增加的数据，

对于物联网是很重要的课题。

为此，我们准备了与以往不同的方法，

即存储器技术保存数据。

◆ 直接在数据上记载属性

　　物联网需要储存和管理的数据量庞大，即便像以往那样以文件形式保存，时时刻刻不断增加的数据能否容纳也是问题。为此，面向物联网的记忆装置"对象存储器"诞生。

　　对象存储器不是以通常的文件或集为单位，而是以对象（Object）为单位管理数据的存储方式。一般而言，文件存储使用文件夹，利用了嵌套状的层目录结构容纳数据，而对象存储器是在层结构或与其他没有依存关系的空间保管对象。每个对象被赋予叫作对象 ID 的标识符，使用 ID 呼出数据。

◆ 操作中就可以扩展和更新

　　对象存储器的保管空间分层，数据调出、移动和复制都很方便，没有目录结构也便于分散保管数据。实际上，对象存储器由连接了网络的分散存储器组成，容量不足时能通过增加新存储器扩展容量，灵活应对数据量增加。

这一技术适用于物联网，对象存储器使用 RESTAPI 的指令群操作数据，不需要目录而通过写入 HTTP 读取数据。可以说，不依赖于服务器就能够持续运转地扩展或更新资源这一点也很适用于物联网。

文件存储和对象存储的不同

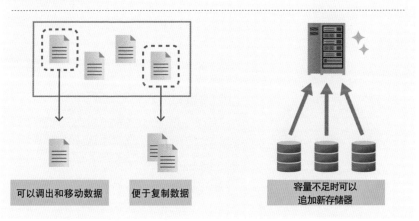

对象存储器的优势

人工智能、大数据与
物联网的关联性

解说物联网时不可或缺的

是人工智能和大数据。

以下将介绍这二者与物联网的关系。

◆ 大数据的"3V"

近年来，伴随物联网相关机器的小型化以及低成本化，物联网日益受到关注。但是由于从小型化的传感器等获取的数据量越发庞大，难以被传统数据库记录保管，而这一庞大数据被称为"大数据"。大数据不仅数据量大，而且还包括邮件、图像和声音等没有特定结构的各种种类、形式的非结构化数据。

大数据经常使用的"3V"的语言，就是"数量（Volume）""多样（Variety）"和"高速（Velocity，即处理速度和发生频率）"，也是定义大数据的要素。不仅数据量大，还拥有以往无法比拟的速度和数据多样性，与传统数据库不同。

大数据的"3V"

◆ 人工智能使数据得到充分利用

人工智能与物联网有着很大关系。人工智能是 Artificial Intelligence 的略称。我们知道，通过模仿人类大脑进行思维活动，计算机可以击败围棋或将棋名人，发现医生疏忽的癌症等。据说到 2045 年，人工智能的技术水平将会达到或超过人类大脑。

物联网越发展大数据也就越庞大，而从庞大数据中发现关联性则是人工智能的工作。比如，在亚马逊购物，和已购商品一起会显示推荐的相关商品，而人工智能则可以进一步进化为预测客户感兴趣的商品并推送广告。另外，数据质量是大数据的重要要素，因此人工智能可以在不采集无用数据而仅采集有用数据上发挥作用。

如上所述，为了大量采集更高质量的数据，物联网、大数据和人工智能三者密不可分。

物联网、大数据和人工智能的关系

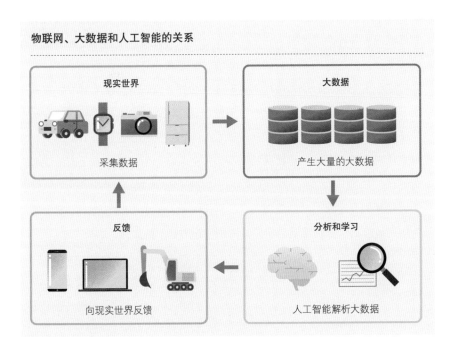

物联网面临的问题

　　与物联网相同，汽车自动驾驶也被作为可能改变未来的技术而颇受关注。随着自动驾驶汽车的开发和自动驾驶技术急速发展，完全自动驾驶的时代也不再遥远。包括日本在内的世界各国也进行了自动驾驶的验证测试，这是有可能改变将来出行方式的技术。

　　但是，自动驾驶也有风险，这就是责任问题。自动驾驶时发生事故谁来承担责任？是驾驶员还是汽车制造商？甚至是开发自动驾驶技术的厂商？可谓众说纷纭，物联网也存在着同样的问题。

　　第一，由于物联网的快速发展和普及，安全方面的风险正在加大。比如，在护理领域，体重计、血压计、心率、排泄量和时间等都是涉及有关身体健康的各种个人数据。如果医疗设备引入物联网，不用特意去医院也能接受治疗，远程也能掌握健康状态等，但是，一旦数据泄露到外部，就会侵害个人隐私，对个人造成不良影响。另外，物联网设备总是连接着网络，因此如果网络安全受到攻击，不仅物联网设备，也有可能导致相关系统受损。网络安全已成为物联网最严重的问题。第二，物联网引发的问题谁来承担责任？安装了物联网的物品因操作不良产生的损失或受伤由谁来负责？

　　物联网是丰富生活的便捷技术，但同时也伴随着各种危险。目前，作为应对风险措施正在推动制定"物联网安全方针"的工作。

PART

3

日常生活会如此
改变！

SECTION 21

PART3　日常生活会如此改变！

智能锁让进出门
更轻松

物联网产品正在逐步推广。
以下以物联网家电为中心介绍哪些功能
已在利用。

◆ 家门钥匙物联网化生活将会更加舒适

  钥匙与智能手机相结合的"智能锁"，拥有 Bluetooth 或 Wi-Fi 等通信功能，通过检测出智能手机的接近，操作程序自动打开门锁。由于能远程操作或定时自动操作，行李多或雨天等情况下，即便腾不出双手也不用担心。不需要钥匙实物便于房地产商组织参观内部；设定有效期，出租民宿或者雇佣临时保育员、房间清洁工时可以利用；关上门一段时间后会自动上锁，可以防止忘记锁门。多人共享设备也不需要另配钥匙。

使用智能手机打开智能锁

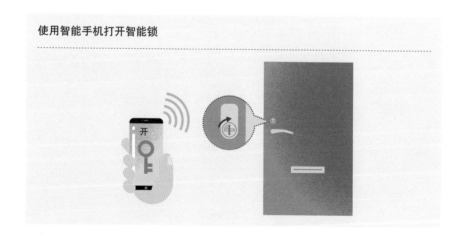

048

◆ 电池耗尽就会打不开门锁

钥匙的物联网化会使日常生活更加舒适，但也会有令人担忧的问题。

第一，是安全问题。智能锁使用 Bluetooth 或者 Wi-Fi 等，如果钥匙在网络上被黑客破解，就容易受到非法侵入等侵害。虽然智能锁使用尖端安全技术，但也不能说就一定安全。

第二，是电池耗尽的风险。智能锁通过电池运作，电池长时间使用后电量就会耗尽，可能导致无法开锁。为了解决这种不安，很多客户在智能手机上安装了警告功能，以便电池容量不足时发出警告。但智能手机没电后也无法开锁，因此带上钥匙才让人放心。

第三，不是所有的门都能安装智能锁。一般现有的门把手上都可以安装，但也有些形状无法安装，有必要事前跟厂家确认。

智能锁的问题点

黑客非法侵入

电池耗尽　　　　　　　门的形状不同

SECTION 22

操作家电
不费事

PART3　日常生活会如此改变！

使用智能手机操作的物联网家电在增加。
物联网家电比过去的家电产品有更多的详细设置，
能够根据自己的喜好和生活需求灵活使用。

◆ 从户外根据喜好设置

　　使用智能手机操作的"物联网家电"在增加。目前能够使用的功能还比较有限，但与以往家电相比也提供了不同风格的使用方法。

　　照明灯具通过使用 LED 灯泡具备了调色功能，能够从灯泡色调至白昼色。除了定时功能，还可"聚光""阅读"等根据需求自由切换亮度。检测周边亮度设定并与其相适应等，都是以往没有的功能。

　　另外，还可以户外远程操作空调，回家前按下开关，进家后享受舒适的空调环境。

使用智能手机的物联网家电

照明器具

空调

打开冷气

◆ 从网络获取信息，方便使用

物联网洗衣机安装了可以获取所在地区的天气信息并提出晾衣服的建议和提示，或者根据衣服的清洁度选择洗涤方式等便利功能；可以将洗涤液或柔软剂事前保存在机内洗涤液专用盒，从户外给出洗涤指示，根据衣物量自动投入相应剂量的洗涤液，不需要每次重新投入；可以预约操作，早上外出时将衣物放进洗衣机，由洗衣机按照回家时间自动洗涤。

物联网冰箱可以通过对开关冰箱的探测掌握生活节奏，到了准备晚饭时间会根据保存的食材提出菜谱建议，还会建议补充常备物品等。这样可以防止忘记或重复购买食材，购物也能更潇洒些。当然，目前尚没有家电之间的联动功能，还只停留在与智能手机的联动，如果将来能实现家电之间的连接，将会安装更多样化的功能。

家电会提出合理建议

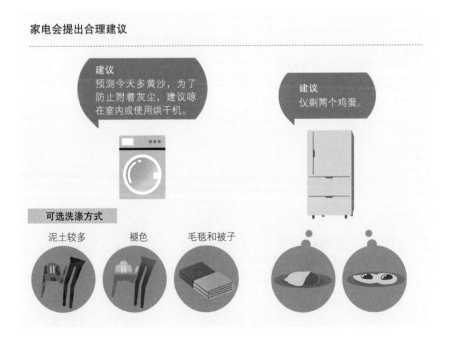

语音购物成
为可能！

物联网能做什么？最能感受速度的就是智能音箱。
安装了语音人工智能助手，通过对话可以获得各种
帮助。

◆ 英语国家智能音箱得到普及

近年来，备受瞩目的智能音箱以美国为中心逐渐普及。智能音箱是使用声音操作具有人工智能助手功能的扩音器，在日本也被称为"人工智能音箱"。最近日本使用者也有所增加，提供多种服务的智能音箱的市场不断扩大。

代表性的智能音箱包括"Amazon Echo""Google Home"和"LINE Clova WAVE"等。使用者说话就能进行简单查询、购物、操作家电、播放音乐等各种事情。平时使用智能手机和计算机才能做的事情不用动手就能操作。

拥有人工智能声音助手的智能音箱

◆ 使用智能遥控器用声音就可以操作家电

智能音箱最大的特点就是能够与其他家电连接使用声音操作。比如，家中的电视、照明器具和空调等通过与智能音箱连接，就可完成开关电源的简单操作。

但是目前尚未能实现匹配所有家电，而将智能音箱无法匹配的家电变成通过智能音箱也可以操作的就是智能遥控器。

智能遥控器能操控使用远红外线遥控器操作的机器，不仅是语音，也具备通过智能手机进行操作的功能，只要是远红外线能够达到的范围，即便几米外的家电也可以对其进行操作。目前，智能遥控器只能适用于 Amazon Echo 系列和 Google Home 的系列商品。智能音箱的功能尚在开发之中，但其功能将会大幅提高，今后的发展值得关注。

语音操作家电

如果与智能遥控器并用将智能音箱无法匹配的家电也连接起来，仅仅使用语音便可进行操作。只要能够对应远红外线遥控器，就可以进行切换电源以及其他更复杂的操作。

看护家人生活的
电热水壶

安装互联网线就能照看老年人日常情况的

电热水壶 2001 年开始销售。

可以说是物联网家电的先行者。

◆ 看护不在一起的家人

作为家喻户晓、被作为物联网划时代象征的服务就是象印公司的"看护热线"热水壶。这款产品从 20 世纪 90 年代开始研究，2001 年发售，可谓物联网的先行者。

看护热线是将无线通信器安装在电热水壶内部，帮助客户确认不住在一起的家人的安全。电水壶被插入电源或倒热水时都会发出信号，这一信息会定期通知到看护者的智能手机或电脑里。

而且，一周使用情况会被制成坐标图以掌握被看护者的生活节奏。此外还配置有外出通知功能，即便因为急事外出，只要按下"外出"按钮，家人就可以收到通知而不必担心。

◆ 不需要安装和施工

看护热线不需要安装网线和施工，送到之日即可使用。首次收取合同费 5000 日元（不含税），之后每月只需支付 3000 日元（不含税）。由于外观和使用方法与一般热水壶没有区别，客户也没有被监视的感觉，对于老年人而言负担很轻。

看护热线的运行机制

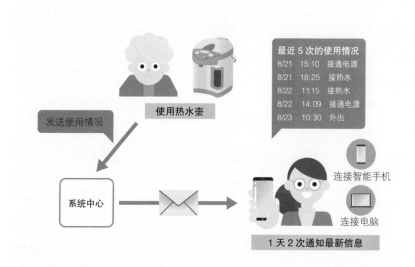

使用热水壶

发送使用情况

最近 5 次的使用情况
8/21　15:10　接通电源
8/21　18:25　接热水
8/22　11:15　接热水
8/22　14:09　接通电源
8/23　10:30　外出

系统中心

连接智能手机

连接电脑

1 天 2 次通知最新信息

服务特点

电子邮件服务

- 1 天 2 次用电子邮件通知使用情况。
- 最多可同时发送给 3 个电子邮箱地址。
- 发送时间和邮箱地址可随时更改。

发送提出要求邮件的服务

下一次送信时间来之前，如果在意被看护者的情况，可以提出要求，服务提供方会发送最新信息的邮件以便确认。

网站主页服务

一周的使用情况一目了然，又能够掌握生活节奏（由于数据每 30 分钟更新一次，因此能够以接近实时的状态确认安全）。

使用可穿戴设备进行健康管理

为了改善劳动环境以及减轻医疗费用负担，

重视员工健康的企业日益增多。

使用可穿戴终端，

可以记录每位员工的身体状态。

◆ 关心健康与提高企业业绩

近年来，为了健康管理而引入物联网的企业日益增多。日本企业把员工的健康管理作为企业管理的课题，并重视以维持和增进员工健康为目标的健康经营。比如运输行业和公交公司驾驶员的出勤状况是关系到企业经营状况的首要问题，员工过劳死和心理健康等也会关系到离职率和休职率，利用物联网的健康护理方案成为备受关注的新健康管理动向。

通过在智能手表等可穿戴设备上安装物联网，管理体重和睡眠时间，能够实现实时健康管理。预防员工离职或者休职，不仅可以提高生产率，企业评价也会随之提高，吸引更多优秀人才。

◆ 各种形态的设备

可穿戴设备包括手表型或识别腕带型的智能手表、戒指型或计步器一样的活动计量器、像眼镜一样的护目镜型等，品种繁多。

智能手表或活动计量器能够测量步行数、移动距离、消费卡路里量、睡眠时间、心率等。面向驾驶员的设备还可配置耳部传感器，从脉搏检测出睡意防止打盹。不仅身体信息，还可以获取气温和湿度等周边环境数据以便健康管理。

护目镜型可以作为显示器使用，确认邮件或 SNS，以及利用虚拟现实（VR，Virtual Reality）或增强现实（AR，Augmented Reality），现实世界的附加信息能够显示在屏幕上。

员工健康状况的可视化

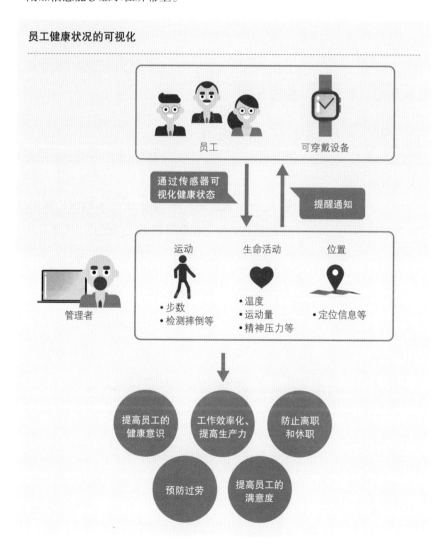

作为节电措施的
能源消费可视化

电力消费可视化在实现节能的同时，
也可以考虑与创造舒适空间的智能住宅合作。

◆ 利用了物联网的住宅

利用物联网技术管理住宅内的能源，提供最舒适环境的住宅被称为"智能住宅"。近年来自然灾害频发，节约能源、创造能源、积累能源越发受到重视。

为智能住宅开发的是"家庭能源管理系统（HEMS）"。HEMS 是 Home Energy Management System 的略称，即管理能源的系统。通过在住宅安装 HEMS，能够实时确认家庭内电和燃气等能源的使用量、发电量以及蓄电池的电池残存量等。电力消费状况可视化便于节约用电，避免浪费。切换空调或照明等的电源，改变设定温度或亮度等控制也成为可能，有望实现更大的节能效果。

◆ 提高城市整体的能源效率

可视化的信息也将被传送到电力公司，公司由此可以尽早了解电力过剩或不足的情况，提高城市整体的能源效率。目前，只有配套了 HEMS 的家电才能进行自动控制。今后作为促进家庭节能的一环，也许有望广泛地利用于普通家庭。

HEMS 的电力可视化

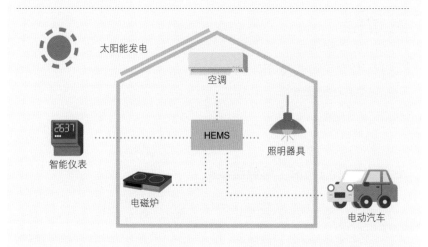

将 HEMS 与家电相连接，使能源使用状况实现可视化，可以管理各种机器并自动控制能源使用。

通过 HEMS 提高用电效率

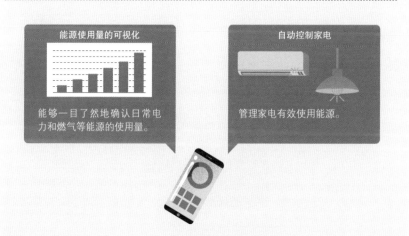

通过一揽子管理家庭用电，可以在实现节电的同时掌握地区整体的实时用电情况，以提升整体效率。

镜子让近未来生活
更智能

如果将日常生活中使用的物品物联网化，

不用改变生活习惯也能使用。

比如镜子的物联网化。

◆ 站在镜子前就能了解健康状态

　　近年来，镜子与物联网的组合"智能镜子"备受瞩目。智能镜子在镜子后面安装摄像头、传感器或显示器，扫描镜子前站立的人就能够读取各种信息并在镜子上显示数字信息。不仅可以分析皮肤的状态，帮助化妆，还可以获取人体数据，在健康管理上发挥作用，利用方法多种多样。照镜子是日常行为，因此不必改变生活习惯或做麻烦的动作就能获取数据，这一点很有吸引力。

智能镜子的运行机制

扫描镜子前的人显示各种信息

08：20

睡眠时间：6小时42分
摄取卡路里：1321kcal
体重：47.2公斤
BMI：21.3

在改善居住环境和健康管理方面发挥作用！

◆ AI 的性能将成为未来的关键

日本诸多企业都尝试将物联网与镜子进行组合。

松下电器开发了利用光传感器将使用者的皮肤状态可视化，根据获取的皮肤信息对化妆和护理提出建议的"智能美容镜"。不能实际操作的修剪眉毛和自己不会尝试的化妆方法都可观看美容镜的模拟演示功能。目前这项技术正稳步向普通家庭推广，如果与空调和医疗等设备合作，那么利用领域将不局限于美容进一步扩大。

Novera 开发的"Howlook"将站在镜子前的人扫描并做成 3D 模型，实现体型和健康状态的可视化，储存管理日志方便与过去比较，与远程医疗或轻纺业合作，将能够开展各种服务。

富士通正在开发使用者将就餐的摄取情况或运动频率等传送给人工智能镜子，之后用手指触摸镜子的一部分就能够使用安装在镜子内部的传感器检测脉搏并算出血管年龄和精神压力程度的服务。尽管目前尚未实用化，但预计今后会向老年人居多的社区住宅推广。

人工智能为健康提出建议

从声音的抑扬检测是否健康

饮食摄取情况

脉搏

压力指数

血管年龄

提出符合每个人身体状况的建议！

烹饪也联网？
烹饪的物联网化

物联网也逐渐进入烹饪领域。
可以减轻烹饪耗费的精力或细微调整用火方式避免烹饪失败等，
使用方式多种多样。

◆ 提出菜谱建议的自动烹饪器具

日常生活中的各种场合都在推动物联网的利用，烹饪领域也开始普及。"COOKPAD""DELISH KITCHEN"等菜谱网站非常受欢迎，对于做饭的人来说，物联网每天帮忙思考菜谱，教授烹饪技巧是非常令人高兴的事。

作为物联网烹饪器具，夏普销售只需放入食材和调味料的自动烹饪器具"HEALSIOHOTCOOK"。配置无线 LAN 功能，连接"COCORO KITCHEN"人工智能就可以告知烹饪顺序和所需食材。它还安装了独特的"菜谱占卜"功能，人工智能会根据客户的居住地、出生地以及喜欢的材料提供菜谱建议；具备只需放入食材和调味料就能够自动进行烹饪的"搅拌术"功能；以及利用食材原有水份进行烹饪，充分体现食材本味的"无水烹饪"功能等。

HEALSIOHOTCOOK 的运行机制

积累各种信息

从大家常做的菜谱中选择做奶汁烤菜怎么样？

做咖喱吧，烹饪需要 30 分钟。

使用越多，越可以学习家人的嗜好和使用情况，并提出最佳菜谱。

◆ 各种物联网烹饪器具

作为物联网烹饪器具，不粘锅值得一提。内部安装测温传感器的不粘锅能够读取烹饪中锅表面温度或加热时间，用下载专用程序的智能手机就可以边确认边烹饪，对于用火有难度的烹饪也不会再失败。

有的计量器也连接了物联网。将鱼肉和蔬菜等材料放入计量器测量，就会出现适合其分量的菜谱。而在烤箱内放入摄像头和计测器，就会判断烹饪中的材料并进行符合重量的最佳烹饪。

各式各样的物联网烹饪器具

不粘锅

读取烹饪中不粘锅的表面温度和加热时间，提示合理温度。

计量器

介绍符合计量器上食材分量的菜谱。

烤箱

判断烹饪中的材料，进行符合材料重量的最佳烹饪。

◆ 烹饪物联网亟待解决的问题

烹饪领域逐渐引入物联网，但同时存在着成本方面的问题。烹饪物联网能够节省精力，但一般家庭进行烹饪时，除非是庆祝活动等特殊日子，都倾向于节约成本，因此目前尚未普及。还有设置场所的问题，在厨房周围使用物联网器具需要做好最低限的防水措施，还需要确保摆放食材等材料的空间。

改变人与物品流通的
移动服务

汽车物联网可以防止事故，推动安全驾驶。
将来，也许汽车的概念也会被颠覆。

◆ 让驾驶更安全、更高效

近年来，自动驾驶汽车备受瞩目，相关技术的开发也陆续得以推动。

自动驾驶技术的成熟可以防止疲劳驾驶、踩错油门和高速公路逆行等，阻止事故发生，减轻驾驶员的精神和身体负担，提高远距离驾驶的安全性。

GPS 连接上网络，就可以了解汽车周边的交通信息和道路情况，提示或指示迂回路线等，协助汽车驾驶。实时采集数据有助于避免拥堵实现顺利驾驶，快递行业在规定的路线巡回也更能提高效率。

◆ 汽车成为移动客厅

如果实现完全自动驾驶，人们就可以在车辆移动期间工作、游戏、阅读或查看手机等，将像客厅和办公室一样使用车内空间。

目前，各家汽车厂商都在进行自动驾驶实用化的各种尝试。虽然在法律和安全方面尚有很多课题，但仍可能大大改变出行方式，今后的发展动向值得期待。

防止汽车事故

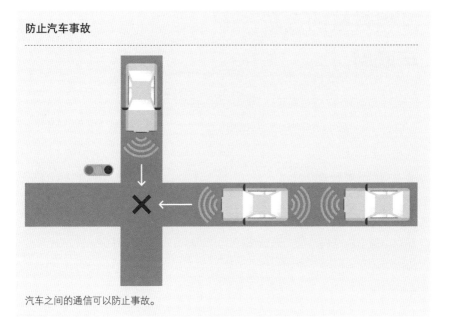

汽车之间的通信可以防止事故。

汽车化身为客厅

如果自动驾驶技术成熟，就可以不需要驾驶席，完全像在自家客厅一样放松的空间里进行办公室工作和阅读。

互相连接的汽车——
车联网

随着连接了互联网的车联网普及，汽车的周边服务以及汽
车本身，甚至整个社会都将发生巨大变化。

◆ 车联网是什么?

车联网（Connected Car）是指安装了互联网技术的汽车，驾驶速度、踩刹车频率以及周边的交通情况等车内传感器获取的各种信息被发送到云端数据库，在网络上进行分析，分析过的数据反馈则可以帮助驾驶或探测危险状况。

车联网不仅改变驾驶形态，作为提高自动驾驶的安全性和便利性的技术，今后的发展值得关注。

车联网的概念

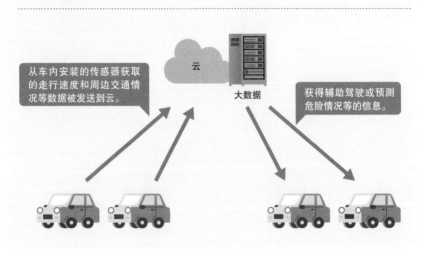

从车内安装的传感器获取的走行速度和周边交通情况等数据被发送到云。

云

大数据

获得辅助驾驶或预测危险情况等的信息。

◆ 车联网的三大功能

车联网有三个功能。

第一，是"紧急通报系统"，即启动安全气囊或安装在车体的传感器检测出事故时就自动通报给警察或消防的机制。这也是车联网最受关注的一个系统。通过与导航仪使用的 GPS 联动，当发生事故而驾驶员自己无法通报时能够迅速采取措施。

第二，是"车载信息保险（Telematics）"，即利用车载通信技术采集和分析汽车或驾驶数据，以此计算事故发生概率确定保险料的机制。通过分析加减速次数、刹车次数和驾驶倾向等详细信息，提高驾驶员的安全驾驶意识。

第三，是"被盗车辆追踪系统"，即能够在发现汽车被盗时追踪车辆位置的系统，检测出异常时通知车主。

代表性的三大功能

紧急通报系统

自动通报警察或消防

车载信息保险

90点

保险费打折

驾驶诊断中获得好评

被盗车辆追踪系统

探测出异常时通知

专栏　　　　　|　　　围绕物联网的话题

物联网是不是也需要安全？
——黑客攻击带来的影响

改变设定或超额收费汽车的远程操控泄露个人信息

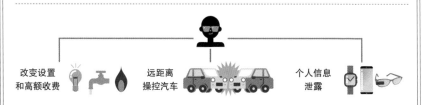

改变设置　　　　　　　　　远距离　　　　　　　　　个人信息
和高额收费　　　　　　　　操控汽车　　　　　　　　泄露

　　物联网设备与电脑和智能手机一样连接着互联网，都有被非法侵入的危险。那么，物联网设备被攻击将会发生什么呢？

　　比如信息泄露，如果住宅和家电与物联网连接并成为黑客的攻击对象，个人数据很有可能被窥视甚至滥用，家电也会被索取超额费用。如果汽车被黑客攻击，会因为泄露了定位信息而使驾驶员行车路线暴露无遗，还有被远程操控的危险。汽车被远程操控后有可能突然熄火、刹车失灵，甚至导致大事故。

　　一般而言，最重要的措施还是做好安全对策，使用者应该认识到正在连接互联网，具备与使用电脑和智能手机时一样的安全意识。比如，回避直接使用发货状态的账户和密码，或不设定易破解的简单密码。考虑安全措施已是至关紧要的课题，需要我们采取恰当的安全措施，尽可能降低风险。

PART

4

农业、渔业、制造业会
如此改变！

温室栽培中环境数据的
可视化与积累

农业的物联网化在改变人手不足和老龄化现状方面被寄予厚望。
通过实现农业的可视化，农业生产稳定化和效率化的动向已在显现。

◆ 实施概念验证

在老龄化的日本，面临着农业劳动力、人才不足和长年积累下来的农业技术后继无人的问题。日本农业水产省积极采取措施，为了强化竞争力，使农业成为有魅力的产业，制定了利用机器人和 IT 技术实现超节约劳动力和高品质生产为目标的"智能农业"，并于 2013 年 11 月组建了相关研究会。

在传统农业中，维持温室内的温度、湿度等环境状态以及土壤水分量，管理换气等工作都需要众多的人力和劳动力。但是如果农业与物联网结合，就能够将温室内的环境数据可视化，甚至可以远程管理与分析。

智能农业的运行机制

通过在温室内设置多个传感器，可以实现温度、湿度、日照量、土壤水分量、CO_2 等信息的可视化，并可进行远程管理。

◆ 降低成本也是大目标

即便温室内设置大量传感器，但同一温室内的不同位置也会形成不同环境。为此，必须时常掌握日照、暖气和换气扇等环境的不同并加以改善。另外，需要在室外将温室安装传感器采集的数据通过网络发送到云，也就有必要设置网关。但如果每个传感器都设置网关则会增加运转费成本，这就需要一种通过集约减少设置台数的机制。智能农业的成本控制是一大课题，需要尽可能降低引入和操作成本。

农业需要既节能又长时间运转的传感器，日本多家企业都在千方百计地尝试使用独自开发的发送数据的互联网等对策。目前，各企业的目标是将采集到的数据可视化，通过对环境的细微控制以提高效率，同时积累数据以备将来之需。今后，如果引入人工智能技术，有可能人工智能会基于数值化的数据一边预测一边培育蔬菜。

智能农业的未来

实现超省力、大规模生产

引进 GPS 自动走行系统等让夜间走行和多台走行成为可能。

最大限度发挥农作物的能力

基于传感技术和以往数据可以精细化栽培，生产高品质农作物。

从劳累、危险的工作中解放

即便是重劳动，也可通过辅助服的帮助变成轻劳动。

实现任何人都能参与的农业

即便没有什么经验也能够从事高精度工作。

向消费者和实际需求者提供安心和信任

通过云系统，能够直接与生产详细信息链接。

使用物联网机器管理施工人员的安全

建筑工地的人手不足和劳动的危险性一直是个问题。
以防患于未然为目标，建筑工地正在推动物联网的
引入及相关开发。

◆ 监控施工人员的周边环境

建筑工地有各种危险。比如，炎热天气施工会中暑，有时甚至会晕倒；在视线不好的地方工作，很可能成为重型机械之间或机器与施工人员之间发生冲撞事故的原因。基于上述理由，建筑业与物联网合作，正在开发让每位施工人员都能用上可穿戴设备，从加速度传感器和气压传感器等可以获得通知的服务。

在 KDDI，腕带和腰带等可穿戴设备佩戴在施工人员身上，通过测定脉搏和周边气温预防中暑危险。测定并判断有危险时会通知管理者和施工人员，能够迅速作出反应、腰带上安装加速度传感器是为了在摔倒或坠落时得到通知。

给施工人员佩戴可穿戴设备

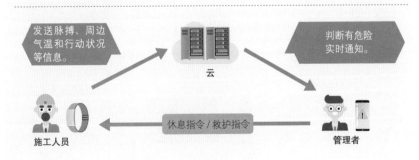

发送脉搏、周边气温和行动状况等信息。

云

判断有危险实时通知。

施工人员

休息指令／救护指令

管理者

◆ 防止进入危险区域

　　日立制作所为了提高生产率和安全性，也正在进行概念验证，通过安装在专用终端内部的加速度传感器和气压传感器检测施工人员是否摔倒以及防止进入危险区域等的系统。

　　使用专用终端、信标（Beacon）和 GPS 实时掌握施工人员和建筑器材的位置，判断施工人员状态。信标使用安装在树荫下和室内照明下也能运转的太阳能电池，施工人员不用在意机器的状态。终端安装三轴加速度传感器和气压传感器，当遇到施工人员有摔倒等动作、中暑状态或进入禁止区域等情况时，可以尽快检测出状况并发出警告。目前该系统处于概念验证阶段，2018 年上半年实现商品化。

日立制作所的系统

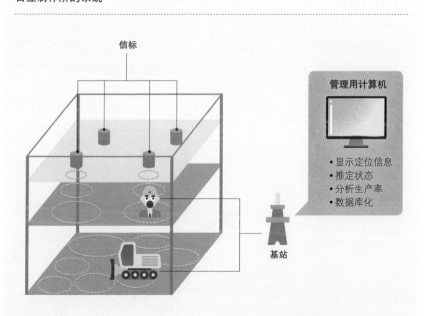

这个系统的特点是使用专用终端、信标、GPS，室内室外都可以无缝连接地获取实时信息。建筑器材也被安装上传感器，不仅中暑状态，进入危险区域等也可检测出来。

改变渔民的工作方式——
不断扩展中的水产业物联网

劳动人口下降促使众多领域进行改革。

水产业也引入物联网，试图改变渔民的生产方式。

◆ 众多水产行业企业尝试物联网化

和农业一样，因老龄化和缺乏后继者而苦恼的水产行业也在逐渐普及物联网，提高生产效率、防止资源枯竭，促使渔业可持续发展的行动日益活跃。

为了提高生产效率，NTTDOKOMO 开始了通过在浮标上安装传感器测定水温和盐分浓度等，并可通过智能手机软件阅览这些信息的服务。养殖海苔和牡蛎的过程中时机很重要，不同区域水温不同，需要详细数据。利用物联网可以根据数据进行渔业生产，提高品质、稳定收获量。渔民不再需要依靠直觉，能够减少出海捕捞次数，有效降低燃料成本。

物联网使养殖生产更加效率化

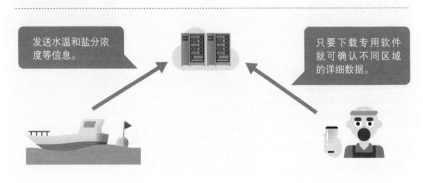

发送水温和盐分浓度等信息。

只要下载专用软件就可确认不同区域的详细数据。

◆ 不断改变的水产业

　　NEC 正在开发通过图像识别测量养殖鱼重量的系统。由于养殖鱼的市场价格是通过鱼的重量进行交易的，测量体重意义重大。该系统将摄像头沉入水槽拍摄动画，使用图像识别技术自动抽取适合测量的鱼的特征点，自动测量体长并推算体重。掌握水槽的整体情况不仅可以判断出货时期，也可以确定适当的鱼食投放量，从而防止残余鱼食带来的水质污染。

　　KDDI 正在开发预测定置网的捕鱼量，判断打捞时机的系统。这个系统使用摄像头拍摄渔网内部，判断水温、盐分浓度、气象信息以及往年的捕鱼模式等。

　　物联网也可以用于鱼苗甄选。甄选鱼苗一般依靠生产人员的眼睛和手，但是通过使用物联网和人工智能技术，渔业一线将发生一场改革。虽然目前尚处于概念验证阶段，但正式引入后，日本渔业或将发生重大变化。

使用图像识别技术管理水槽

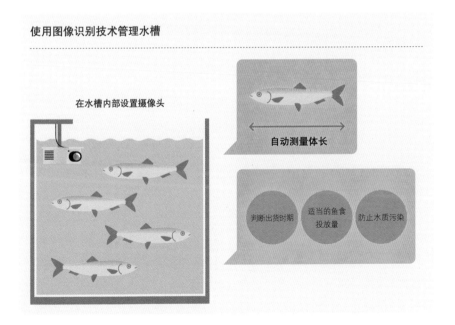

在水槽内部设置摄像头

自动测量体长

判断出货时期　适当的鱼食投放量　防止水质污染

帮助生产一线实现生产状况可视化

物联网原本就与生产一线有着很高的亲和性，

也有各种引入案例。

生产状况可视化可以提高生产效率。

◆ 可视化改变生产管理

世界各国的生产企业都在推动物联网化。那么，物联网是如何被具体利用的呢？

在生产线上，以往发生异常都是使用亮灯提示或拉响警报，管理者也因此需要目视有无异常。而管理者不在的时间段，直到发现异常为止的时间都将成为损耗时间，有可能会影响工程生产。引入物联网不仅能够可视化生产设备的运转状况，还可以掌握人、物以及设备等的活动状况。通过积累信息，以往积累的技术也能够可视化，有助于提高生产效率。以往依赖人的技能和经验通过可视化，可以在生产线设计、生产计划、设备投资计划等生产管理方面发挥作用。

◆ 应有状态的具现化

生产一线追求改善和效率，物联网追求的就是通过使用数据发现新问题点或通过分析提供有意义的信息。为了生产一线的最优化，有必要将生产一线可视化，正确掌握工厂现状。迅速发现设备异常，也能够发现为了整体最优化而需要改善的重点。通过改善构思工厂整体的理想状态，以新的视角推动生产一线的最优化运转。

通过生产状态的可视化提高生产效率

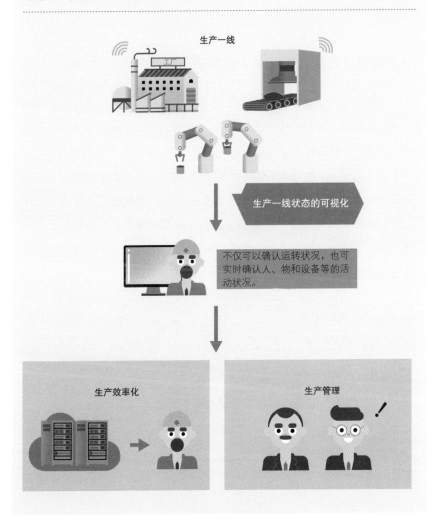

生产一线

生产一线状态的可视化

不仅可以确认运转状况，也可实时确认人、物和设备等的活动状况。

生产效率化

生产管理

通过车辆物联网化提高汽车安全性

据说大多数汽车交通事故都是人为过失。

检测出巴士或卡车驾驶员的疲劳程度以防止事故

发生的系统正进入实用化阶段。

◆ 掌握驾驶员的状态促进安全驾驶

日本警察厅交通局于 2017 年调查的《道路交通统计》显示，交通事故中大部分是"没有确认安全""没有注意前方"等人为过失，而人为过失的原因之一就是驾驶员疲劳驾驶。

富士通开发了从驾驶员脉搏检测出睡意征兆，通知驾驶员或运行管理者的"FEELythm"。FEELythm 将设备挂在脖子上并佩戴耳夹传感器，以此获取脉搏等人体数据，如果检测出睡意征兆，脖子上的振动器、车载器、智能手机会向驾驶员发出警告，以便驾驶员在合适的时机休息，提高驾驶安全性。目前，日本已有几家巴士运营公司在使用这一技术。

FEELythm 的运行机制

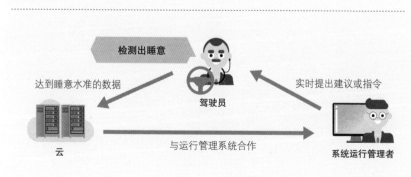

检测出睡意

达到睡意水准的数据

驾驶员

实时提出建议或指令

云

与运行管理系统合作

系统运行管理者

◆ 交通社会的安全与改善乘务员、驾驶员的劳动环境

近年来，由铁路和巴士乘务员、卡车驾驶员的健康问题导致的事故正成为人们日益关注的社会问题，乘务员和驾驶员的健康管理急需解决。对此，NEC 正在进行概念验证，利用可穿戴设备和 NEC 企业物联网"NEC the WISE IOT Platform"，测定睡意乃至脉搏、表面温度、湿度以及身体摇摆等在内的人体数据，在关注驾驶员安全的同时改善劳动环境和工作方式。"NEC the WISE IOT Platform"通过智能手机采集测定的数据，根据积累的信息，将身体变化予以可视化并判定乘务员和驾驶员的疲劳程度。

在卡车上安装驾驶记录仪和里程表等记录车辆位置和动态的装置逐渐成为必需，但是能够掌握乘务员和驾驶员状态的机制尚未普及。如果将人体数据与驾驶数据对照，管理者就能掌握平时关注不到的实际工作情况进而改善劳动环境。

如同巴士和电车，即便都是公共交通，但行业不同实际情况也大不一样。增加真知灼见，也有助于提高交通和流通行业整体的安全运行及劳动环境的改善。

NEC the WISE IOT Platform 的运行机制

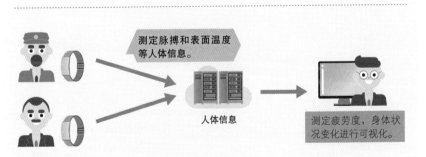

采用腕带型可穿戴设备。通过对车辆动态数据与可穿戴设备的人体数据进行组合分析，掌握劳动环境的实际情况，推断出最佳工作模式等。

物联网会改变
汽车保险吗？

汽车引进物联网后，汽车保险的项目和
服务都将发生变化。
汽车保险将逐渐符合驾驶员个人的
车辆使用习惯。

◆ 根据里程和行为减收保险费

过去的车险一般根据驾驶时间长短、驾驶距离和加入保险时间长短等决定保险费，但近年出现了利用物联网技术实时调查驾驶倾向的保险公司，这一类利用物联网的汽车保险被称为车载信息保险，分为"PAYD（里程）型"和"PHYD（驾驶行为）型"。

PAYD 型是"Pay As You Drive"的略称，即按照实际里程付保险费；PHYD 型是"Pay How You Drive"的略称，即通过安装在车内的传感器分析驾驶员的驾驶行为，采集方向盘操作、刹车使用方式等驾驶员的驾驶特性，根据事故风险的高低算出保险费。

选择 PHYD 型的驾驶员越安全驾驶保险费就越低，其结果也就减少了交通事故。

◆ 以 2020 年为目标将在全部车辆上安装车载通信器

丰田汽车与爱和谊日生同和（AIOI NISSAY DOWA）保险公司联合开发了车载信息保险并提供服务，这项服务通过安装在雷克萨斯上的车载通信机获取油门和刹车的操作以及车速等数据, 再根据数据使用百分制评估是否属于安全驾驶, 每个月的分数和里程将决定保险费的减价金额。今后, 车载通信器将不局限于雷克萨斯而会陆续扩展到其他车型, 计划到 2020 年为止涵盖所有新车。驾驶员通过智能手机等可以随时查询分数, 得到建议, 有助于通过服务提高驾驶员的安全驾驶意识。

车载信息保险的种类

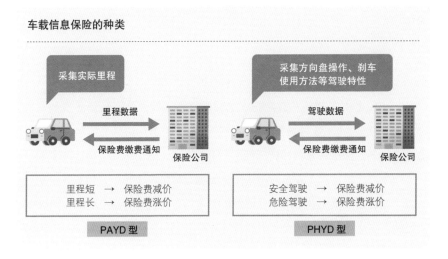

丰田汽车与爱和谊日生同和保险公司的车载信息保险

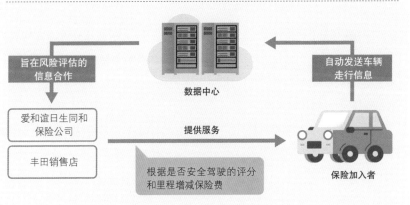

从制造业看各国的
改革计划

世界各国都在推动面向未来的改革计划。
利用机器人、人工智能、物联网与各领域合作。

◆ 各国的代表性政策

德国发表了利用互联网和人工智能等数字技术实现社会变革的"工业 4.0（第四次工业革命）"。第一次工业革命中蒸汽机的发明带来了机械制造设备，操作从人转移到了机械。第二次工业革命带来了电力并实现了规模生产。第三次工业革命出现了计算机，可以发出指令，使机器自动运转。而在第四次工业革命中，即便不发送指令，机械自身也能作出判断并运转。制造业的数字化旨在生产系统的高度化和大幅削减成本。

美国提出了工业互联网（The Industrial Internet）的概念。与工业 4.0 相似，但其特点是在工业互联网中涉足了能源、护理、制造业、公共、运输等众多领域，使用传感器管理产业机器并将状态数据化，通过分析数据提高生产率。

中国发表了"中国制造 2025"战略。在中国，制造业有着巨大规模，但是开发能力、资源使用率、产业结构、品质和生产效率等方面与发达国家相比还有待提高。中国制造 2025 的目标是到建国 100 周年的 2049 年前实现制造业的结构性转型。

日本公布了"互联工业（Connected Industries）"作为工业的发展目标，旨在充分利用日本的强项——技术能力和一线利用能力，将"自动驾驶和移动服务""制造业和机器人""工厂 / 基础设施安全管理""智能生活""生物技术和材料"作为重点领域。

工业 4.0 是什么

第一次工业革命	第二次工业革命
 使用水和蒸汽的生产设备的机械化。	通过使用电能实现规模生产。
第三次工业革命	第四次工业革命
通过电子机器和 IT 实现进一步的生产自动化。	融合了现实和网络空间的生产系统。

互联工业的五个重点领域

自动驾驶和移动服务
- 尽快整理数据协调的方式
- 强化人工智能开发和人才培养
- 致力于包括物流等在内的面向未来的移动服务和 EV 化措施

制造业和机器人
- 数据形式等的国际标准化
- 在网络安全和人才培养等协调领域中加强企业间合作
- 完善面向中小企业的物联网工具等基础设施建设

工厂 / 基础设施安全管理
- 提高利用物联网的自主安全技术水平
- 制定面向企业间数据协调的政策指针等
- 进一步推动规章制度的改革

智能生活
- 挖掘需求以及服务的具现化
- 通过企业间联盟实现数据合作
- 制定利用数据的相关规则

生物技术和材料
- 实现协调领域的数据合作
- 构筑面向实用化的人工智能技术平台
- 确保社会的接纳性

专栏 | 围绕物联网的话题

"社会5.0版"
实现后的社会

社会5.0将会实现的社会

通过远程医疗诊断延长健康寿命,有助于控制社会成本!

通过利用机器人或自动汽车等技术,扩大人类的可能性!

在需要时提供需要的信息,能够有效使用时间!

将成为能够满足各种需求的社会!

　　"社会5.0"是日本政府倡导的科学技术政策基本方针之一,在世界率先提出实现"超智慧社会"。充满庞大信息的当今社会,发现并分析所需信息并非易事,但可以尝试通过利用物联网和人工智能等最新技术实现便捷社会。

　　以社会5.0的远程医疗诊断为例,在不断老龄化的日本,医疗和护理已成为社会问题,其原因包括专业医生不足、医生的老龄化和医生分布不均等,预计今后病人的经济负担会越发沉重。此时就可以考虑使用物联网或人工智能的远程医疗诊断系统,不需要去医院,病人既节省了交通费又能接受高水准的诊断,而医生之间共享信息也可以保证专业性较高的医疗。不仅患者,医生也减轻了负担,确保了最佳医疗。在其他领域,后继者不足的农业可以利用机器人技术,而人手不足的服务行业则可使用机器人或自助结账实现无人商店。如果社会5.0顺利发展,就可以连接所有的人与物,实现每个人都能够舒适生活的社会。

PART

5

物流和服务业会如此改变！

物联网带来数字
营销的进化

今后数字营销与物联网将进一步融合，并有望成
为更准确地展示符合每位消费者需求的商品和服
务的强力营销工具。

◆ 数字营销成长的关键：物联网

网络广告、搜索引擎优化（SEO，Search Engine Optimization）、联盟营销（Affiliate）等，以网站为中心的"网络营销"是以客户主动使用互联网为前提的。但是，随着 IT 技术的发展，2000 年后取代网络营销的"数字营销"成为主流。数字营销不局限于网站，是包括电子邮件、社交网络（SNS）、应用程序等利用了全部数字数据的营销手段。分析从各种不同的渠道获取的数据，能够在合适的时机向每位客户展示其似有需求的商品或服务。

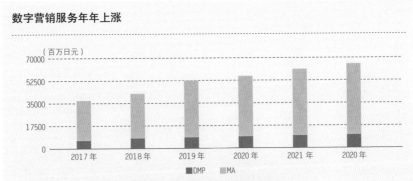

数字营销服务年年上涨

根据株式会社矢野经济研究所《**数字营销服务的市场规模推移和预测**》。

有关统一管理互联网上积累的所有数据的"数据管理平台（DMP, Data Management Platform）"和实现迎合目标客户爱好、兴趣以及行为的沟通的营销自动化(MA, Marketing Automation)的调查显示，数字营销市场规模年年上升，预计 2022 年将达到 2016 年 2.11 倍的 639 亿日元。

◆ 物联网对数字营销的影响

　　传统的网络营销中，利用检索词或小型文本文件（Cookie），在客户浏览网站时显示客户爱好和兴趣的广告是主流方式。尽管这是相对精度较高的营销方式，但是由于频繁显示毫无关系或者已经阅览过的广告，很多客户会感到不快。而如果数字营销积极引入物联网，就可以分析从各方面采集到的大数据，在不远的将来很有可能实现根据客户的心情和行为，瞄准客户所需商品的瞬间显示广告的营销模式。这是广告方和消费者新的沟通形式，数据营销的精度也将进一步提高。

瞄准消费者需求的营销成为可能

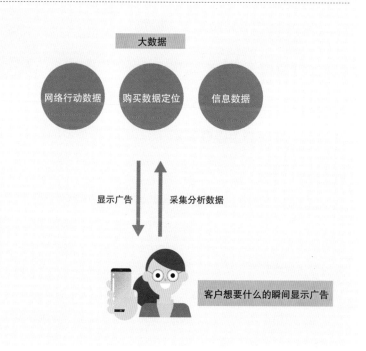

物联网推动电商的
全渠道化

不拥有实体店的网上购物看似与物联网并不投机，
但是，日本的大型电商公司已经开始积极开发利
用物联网的最新技术了。

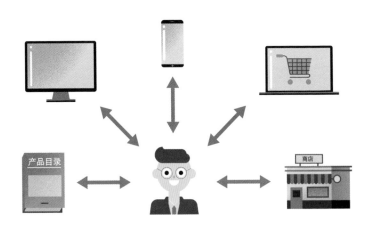

◆ 物联网推动的全渠道营销

有实体店的零售企业

  近年来，全国连锁的大型零售企业陆续进军电子商务，整合实体店和
线上店等所有销售渠道，推动顾客无论从哪个销售渠道都能获得同样感受
的购物体验的全渠道（Omni-Channel）营销方式。积极推动面向智能手机
应用程序的物联网化是其中一环，如果将物联网利用于全渠道，那么不仅
可以接受订单，还能够从 GPS 或 Wi-Fi 获取定位信息，集中目标发送广
告。这一举措不仅强化了与顾客的关系，而且能够掌握顾客需求和购买倾
向，有助于制定营销战略。

以线上店为中心的零售企业

　　以线上店为中心的零售企业也在推动利用智能手机程序的物联网化，但是，中小规模的企业无法投入预算推动物联网化也是实际问题。针对这种情况，日本大型电商企业乐天推动在乐天市场开店企业的全渠道化，以发展较快的领域为中心开发各种物联网工具。

　　乐天提案的"KiTeMiROOM"是能够迅速确认服装搭配的系统。根据客户的时尚特性或服装等信息作出合适的搭配。读取线上所有条款信息，也能够设定预算等条件。

乐天的"KiTeMiROOM"帮助中小店实现全渠道

物联网购物卡使
购物更便捷

在零售业，使用加入了物联网技术的购物卡刺激
购物的"物联网购物卡"备受关注。
只要有好的创意，就一定会有充满吸引力的内容。

◆ 改变零售业未来的物联网购物卡

　　零售业存在人手不足的问题。缓解结账拥挤的自助结账，引进能够迅速发现目标商品的销售（POS，Point of Sale）终端等，各家企业积极采取措施但是都未能起到决定性作用。为了解决这一问题，零售业界积极推动开发利用物联网的系统。其中备受关注的是在店内购物卡上安装专用偶极子天线（Doublet）终端的"物联网购物卡"。这种购物卡可能从根本上改变依赖人力的零售业体系，受到世界的关注。

零售业人手不足日益严重的现状

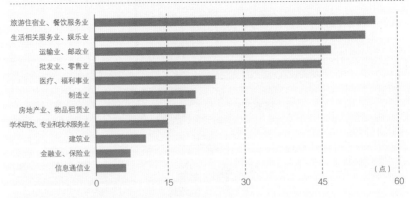

根据厚生劳动省《劳动经济动向调查》。

◆ 物联网购物卡的用途

日常生活中购物非常占用时间，不少人都会觉得很麻烦。虽然想尽量缩短时间，但可能会遇到不知道想要的商品在哪儿，或者结账时由于人多拥挤变得非常花时间的情况。物联网购物卡可以帮助消费者减轻这样的购物负担。

三井物产株式会社为了支持在食品超市举办的促销或营销活动，开始推广带有偶极子天线终端的购物卡"Shopimo"。与来店之前相比，客户往往在店内决定购买物品的时候较多。如果购物卡连接上偶极子天线终端，客户在店内走动时就可以获取符合客户的商品信息或促销商品的画面，并引导客户找到商品摆放地点，也就是说一台物联网购物卡能够发挥店内导航、促销、结账等的所有功能。

物联网购物卡可以完成这些任务

告知想要商品的位置

显示基于购物记录的优惠券或推荐商品

只要放入购物车就能够自动结账

管理余量、
自动订购

常备物品不小心忘记购买，但又没有库存的情况不在少数。
满足"忘买"这种潜在需求，出现了常备物品的在库管理以
及替代购物的便捷系统。

◆ 订货步骤简洁化的"Amazon Dash Button"

　　大型电子商务公司亚马逊推出了只要按一下按钮就能立刻订购中意商品的"Amazon Dash Button"，并于 2015 年在美国、2016 年在日本开始了服务。"Amazon Dash Button"的特点是简化网站和程序上烦琐的订购手续和操作时间，需要时就能订购到所需数量的必需品。由于只需按一下按钮，当没时间购物或不想拿重东西、孩子小而无法外出时均可利用。可利用此项服务的商品包括食品、饮料和日用品等在内的 200 多种（2018 年 9 月为止在日本约有 44 种商品）。而且，"Amazon Dash Button"可以贴在喜欢的地方，如果贴在冰箱或洗衣机等使用按钮的地方也就不再需要囤积商品，更有助于防止"忘记购买"。

Amazon Dash Button 的流程

| 快断货时按一下按钮 | 经由 Wi-Fi 向 Amazon 订购商品 | 当天或数日内到货 |

◆ 实现库存可视化和订货简洁化的"智能垫"

　　作为日用品、食品的电商网站知名度很高的"智慧购（Smart Shopping）"推出了能够自动购买日用品或食品的"智能垫（Smart Mad）"。客户将日常购买的商品放到智能垫上，就可以自动测量余量，当余量降低到一定水准后会自动搜索最便宜的商店，并通过邮件告知客户。这一服务不仅包括定期购入日用品和食品的客户，也涵盖了老年人等购物困难的客户群体，并可以通过商品的余量确认平安与否。还设计了能够自动订购商品的选项功能。

智能垫的使用循环

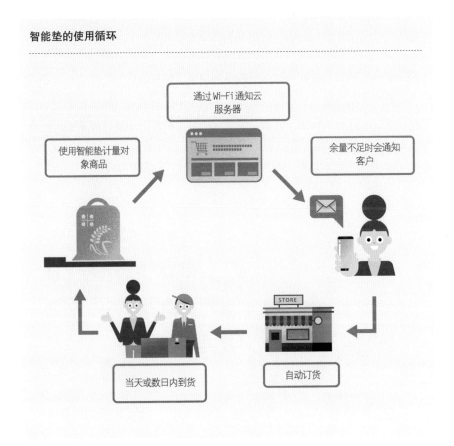

物联网与自动配送
改变物流

在不远的将来，有可能会陷入严重的物流危机。

作为对策将以往积累的物流网和技术经验加入物联网，

以改变行业的整体机制成为当务之急。

◆ 不远的将来可能发生的物流危机是什么？

　　长期以来，将生产者、制造者、流通业者和消费者连接在一起、可谓日本大动脉的物流为战后日本的复兴和发展作出了卓越贡献。尽管近年来网络电商的急速发展，而需求仍在不断增加，但驾驶员的老龄化和过剩的送货服务要求已经导致部分地区发生了送货不畅的状况。有人指出少子老龄化的日本社会对物流行业影响尤为深刻，这种状况如果持续下去，物流业就会陷入整体瘫痪，从而发生社会无法运作的"物流危机"。为了解决这一问题，目前物流业界正在急速进行 IoT 等技术的开发与实用化。

物流业面对的问题

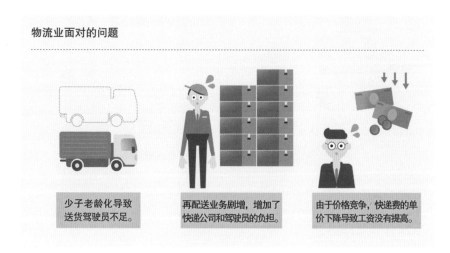

少子老龄化导致
送货驾驶员不足。

再配送业务剧增，增加了
快递公司和驾驶员的负担。

由于价格竞争，快递费的单
价下降导致工资没有提高。

◆ 利用物流用无人机实现无人送货服务

利用小型无人机的无人送货系统，有望解决送货驾驶员不足的问题。这一系统有缩短送货时间、削减送货成本等优势，但是为了正式使用有必要掌握地理信息或实时气象条件，构筑判断可安全飞行送货路线的管理系统，以及加强无人机的耐负荷性、耐久性和耐水性等各种堆积如山的问题。

在众多企业苦战之时，日本大型电商公司乐天于 2016 年后开始了无人机与高尔夫球场或便利店联合送货的服务，并于 2018 年 7 月成功完成了日本首次向个人住宅送货的概念验证。今后进一步的实用化将更值得期待。

乐天＋ ZENRIN 的无人机高速路构想

使用智能手机的专用程序订购商品。

商品被送到个人住宅。

◆ 二代快递服务机器黑猫快递公司

大型快递公司——黑猫大和将机器黑猫快递公司定位为二代快递服务。这个系统是客户事前通过智能手机指定接收地点和时间，设置了货柜的自动驾驶汽车到达指定地点后货柜会自动开锁，然后客户取货。先进行了有驾驶员坐在驾驶席状态下的试验，后于 2018 年 4 月成功地完成了无人送货的概念验证。非面对面形式的送货需求高涨，正式实用化有望实现。

仓库管理和
物流更智能

从进货到配送，对暂时保管商品的物流仓库的需求每年都在增加，
为了准确管理庞大商品的库存数量和状态，企业正在推动物联网化。

◆ 物联网化使仓库业务的效率大幅度提高

近年来，电商的增加导致仓库的需求不断增加。为了不错过商机，增加库存的做法看似很合理，但是如果不考虑供需平衡和维持恰当的库存量，就无法避免商品年数过长带来的质量恶化，甚至对企业经营带来压力。更何况如要掌握准确的实际库存数、为了维持品质而进行的商品检查以及提货等工作，再多的人管理仓库也会出现人手不足的情况。而物联网技术则会使这种费时又费力的仓库管理变得更有效率。通过在仓库内安装物联网机器便可以可视化员工的动向，员工即便不再奔走于宽广的仓库，也可以通过手头的腕带或智能手机等终端对库存数和商品状态进行一元化管理，从而大幅度提高仓库业务的效率。

物流仓库的问题点

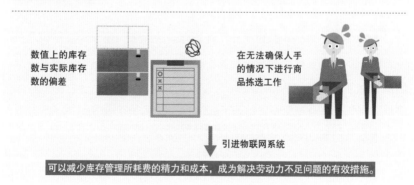

数值上的库存数与实际库存数的偏差

在无法确保人手的情况下进行商品拣选工作

引进物联网系统

可以减少库存管理所耗费的精力和成本，成为解决劳动力不足问题的有效措施。

◆ 通过物联网可视化移动路线、缩短操作时间

在宽大的仓库内挑选商品时，为了以最少人数也可操作，就有必要确保高效率的移动路线。为此，可以引入可视化移动路线系统。以往的系统存在着运转中卡顿以及高额引进费等问题，而利用物联网的机器和工具只要在原有环境中安装上即可使用，不会产生降低生产率的负面影响。实时确认物品通过频度或滞留时间的高精度"移动路线可视化"将成为可能，并对业务将起到很大的改善作用。

移动路线的可视化是什么？

在现场设置信息发送器和摄像头等，每位员工都持有物联网设备。

将实时移动路线可视化。

◆ 通过物联网准确掌握实际库存数

掌握实际库存数是企业经营上的重要课题。但是，由于准确管理商品的库存是一件非常困难的事情，因此数值上的库存数和实际库存数不吻合的情况并不少见。为了解决这一问题，库存管理系统不可或缺。目前，使用专用便携仪器读取条形码再发送到云服务器的库存管理系统是主流，但是，像智能垫那种能够准确掌握库存状况的计量型系统等更先进的库存管理系统的物联网化正在推广。

餐桌物联网是餐饮店的
新形式

订餐、结账等饮食店内的各种操作
通过物联网技术简洁化的"餐桌物联
网"项目正在受到关注。

◆ 令餐饮业烦恼的慢性人手不足

餐饮店为了提供高质量服务和料理，不论顾客人数多少都必须确保一定数量的员工。提高薪酬、构筑良好的工作环境、增加雇佣家庭主妇和外国人等，饮食业界为了确保员工数量采取了各种措施。

重视与客人互动的服务是必须有员工才能实现的，但现在引入物联网技术推动自动化的企业也在增加。实现自动化后，接待客人、配菜和结账等工作就会减少多余动作而更加高效，因此即便是员工很少的餐饮店也能确保提供一定水准的服务。

员工不足的行业

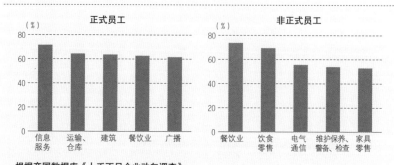

根据帝国数据库《人手不足企业动向调查》。

根据 2018 年 4 月实施的调查，在非正式员工方面 77.3% 的餐饮业企业感到人手不足。

◆ 日本国内餐桌物联网的先驱 "Putmenu"

Boxyz 株式会社提供的 "Putmenu" 是能够简化餐饮店结账订餐手续的餐桌物联网服务，店铺订购不断。客户来店之前使用专用程序选择餐饮和支付方式，来店后只要将智能手机放在餐桌的 "P" 符号上，就可以完成订餐和结账。之后，后厨配置的专用打印机会打印订餐内容，顾客只需等待送餐。以往，顾客在拥挤时段只能排队等候，而 Putmenu 可以实现 "0 分钟订餐"。因为已经结账，所以就餐后只需离开饭店即可，大大缩短了时间。这项服务不仅提高了使用者的便利性。以往订餐或搬送餐饮来回走动的服务员以及订餐失误均大大减少，有助于工作的效率化。而且，"Putmenu" 能够采集大数据，来店次数和来店日期时间都可以可视化，也便于给老顾客发送信息。同时能够应对多国语言，有助于外国顾客不会错误点餐。

Putmenu 的运行机制

选择和支付	来店后马上订餐	完成订餐
来店之前选择餐饮并支付餐费。	将智能手机放在 "P" 的符号上。	就餐之后顺利离店。

酒店通过物联网解决
人手不足

酒店和旅馆等旅游住宿业工作时间长、收入低，因此一直为慢性人手不足而苦恼。服务行业特别是重视服务的旅游住宿业中，如何确保人才是当务之急。但是依靠员工的传统方式也到了极限，尽管住宿需求不断提高，但无法确保人才也就无法继续营业，迫不得已破产的住宿设施逐渐增多。人手不足也无法提供足够的服务，尤其令人担忧的是 2020 年"东京奥运会和残奥会住宿问题"。大会期间，将有众多游客到访。据东京都奥运会和残奥会准备局统计，日本将产生大约 32 兆日元的经济效果，可以城市为中心的住宿设施也将存在不足问题。

面对旅游住宿业人手不足的问题，作为解决的第一步而被给予厚望的就是利用物联网的"智能旅舍（Smarthostel）"。智能旅舍是解锁房间钥匙、切换室内照明、调节空调以及设定闹钟等酒店内众多功能都可以通过智能手机进行操作的系统。智能旅舍发展先驱的"& AND HOSTEL"使用了最先进的物联网机器，作为体验近未来物联网空间的体验型住宿设施正在提供观光服务。

世界上第一个使用机器人工作的长崎县"怪异酒店"受到热评。饭店大部分操作业务都由安装了人工智能的机器人承担，并采用了最新的物联网技术，只有十几名人类的工作人员从事铺床和监控录像等工作，从而实现了控制人工成本的酒店运营。

面向 2020 年东京奥运会，针对访日外国游客极致关怀的日本式服务活动热情高涨，因此引入物联网技术的住宿特化型设施今后有望进一步增加。

PART

6

基础建设、金融业
会如此改变！

避免交通拥堵、
轻松驾驶成为可能

交通拥堵已成为世界性的社会问题，

并作为影响经济增长的因素被受到关注与重视。

为了缓解拥堵问题，利用物联网的交通管理备受瞩目。

◆ 交通拥堵造成经济损失

　　由于导航和 ETC 等的普及，日本的交通拥堵有逐年减少的趋势。但是，城市道路和高速公路每天依旧发生拥堵现象，根据日本国土交通省的统计，拥堵每年大约会造成 12 兆日元的经济损失。

　　为了缓解交通拥堵，全国各地采取了各种措施。特别是如果到国内外众多游客来访的体育盛事开幕前不采取某些措施，首都高速公路等主要道路的拥堵所造成的时间损失将会进一步增加。

高速公路因堵塞造成时间损失的成因

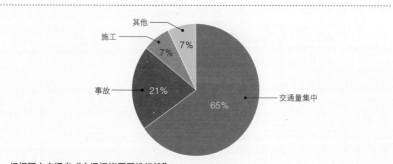

根据国土交通省"交通拥堵原因排行榜"。

城市地区交通拥堵原因中 65% 是交通量集中，特别是高速公路拥堵造成的时间损失十分严重。

◆ 利用物联网的运行管理系统

世界各地的企业都在采集、分析从安装了 GPS 的汽车上获取的探测数据（时间、车辆 ID、经纬度等移动轨迹信息），以开发缓解拥堵的运行管理系统。

日本的日立制作所开始向道路建设方和交通公司提供"交通数据利用服务"。这项服务是将从安装 GPS 的汽车上获取的探测数据等物联网数据通过地图或坐标图进行可视化，并分析高速道路车辆拥堵状况和各区间所要时间。这项服务非常有助于制定此后的运行计划和迅速采取引导绕行的措施。

在汽车持有率增长超过交通基础设施建设速度的新兴国家，政府和社会正一致努力解决交通拥堵，这将成为对使用物联网的解决方案进行概念验证的大好机会。如果能够获取精度更高的交通拥堵信息，对本国的交通基础设施建设和改善也会有帮助。而且，交通基础设施会成为当地固有的观光资源和确保人才的机会，因此对利用物联网的运行系统的需求也在不断高涨。

支持高速公路以及巴士的运行

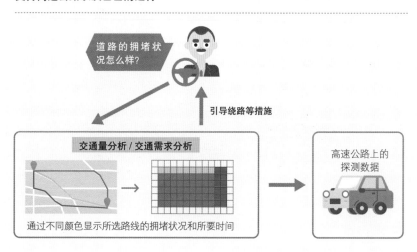

物联网使城市
建设更智能

使用物联网技术管理基础设施，在环保基础上发展经济，
"智能城市"的构想正在作为世界级的工程全面展开。

◆ 世界各地的智能城市建设

预计到 2050 年，世界人口的 70% 将集中在城市。但是，人口集中会加剧相应的交通拥堵和能源消费，如果不采取任何措施，有限的资源难以得到有效的利用。

近年来，全球都在利用物联网的庞大数据，通过城市智能化更加有效地进行基础设施管理和环境保护，藉以实现促进经济成长的"智能城市"构想。但是，每个国家物联网化的路径又有所不同，基础设施老化的发达国家着重以基础设施的管理和维修为主的城市再开发，而在新兴各国，基础设施的建设与完善无法追赶上快速增长的经济，因此基础设施的建设与完善成为这些国家的主要着力点。

成为未来城市建设基础的智能城市构想

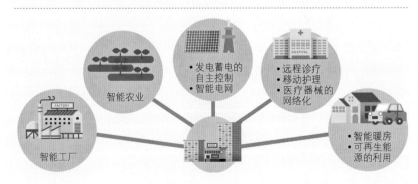

◆ 日本智能城市化的现在与展望

2010 年制定的《下一代能源与社会体系计划》是包括节能、可再生能源、地区交通系统和改变市民生活方式等在内的实验项目，并在神奈川县横滨市、爱知县丰田市、京都府 KEIHANNA 学研都市和福冈县北九州市四个地区展开了大规模的"智能社区"实验。

横滨市致力于开发平衡电力等能源，实现需求与供给最佳化的系统，并在横滨港未来 21 引进能源商业系统和设置太阳能发电系统。在丰田市，地方自治体和民间企业合作推动城市的低碳化，以构筑环境模范城市。

最近，千叶县柏市柏之叶地区的企业和市民共同参与，着手开展以"环境共生城市""新产业创造城市""健康长寿城市"为目标的"柏之叶智能城市"的建设。

如上所述，各地区实施着各种计划。但是，实际上实用化不仅需要相关企业之间的合作，还需要确定符合地域特色的开发规模以及相匹配的投资效果比、政府与民间的责任分担、规则制定和决定运营主体等，各种课题十分复杂。面对预想中不断恶化的环境问题，为了更加舒适便捷的生活，实现智能城市可谓当务之急。

柏之叶智能城市

环境共生城市
将丰富的自然环境作为地区资源充分利用，积极应对环境和能源问题，确保遇到灾害时的生命线，以构筑人类与环境共存的未来型环境共生城市为目标。

新产业创造城市
通过汇集大学、研究机关和人才培养设施，从各种视角创造新产业，为企业或创业者提供支持。

健康长寿城市
考虑到超级老龄化社会的城市建设，通过针对老龄化社会城市的提案、健康事业、预防医学和概念验证的模范街道等活动实现健康长寿城市。

随处可以发布消息的
"数字标牌"

在街头巷尾各种场所看见数字标牌的机会日渐增多，
近年来这里也引进了物联网技术。
作为能够根据不同情况进行有效宣传的广告媒体需求不断扩大。

◆ 能够在各种场所使用的数字标牌

近年来，广告媒体正在从传统广告板或广告纸向使用电子板等电子显示设备发送信息的"数字标牌"过渡。在商业设施、商铺门口和车站等公共设施看到的机会越来越多。除了理所应当的广告功能，数字标牌也被用作信息显示板，作为提供信息的工具应用于各种场合。

数字标牌的市场规模逐年扩大，根据矢野经济研究所的测算，到2020年东京奥运会与残奥会时将达到3361亿7000万日元的规模。商铺门口、商业设施和街头展示等，可以在各种场合随机应变发送内容正是其魅力所在，同时也能够削减以往广告板或纸张等模拟广告媒体的运行成本。

利用数字标牌的场景

在店铺门口的宣传或 商品说明、营销活动	设施指南及 商店位置和介绍	街头宣传或 播放灾害信息

数字标牌有大尺寸的，也有电视或平板电脑尺寸的，大小规格各式各样。
而采用触摸屏形式的显示器也备受欢迎。

◆ 从独立型到网络传送型

随着网络技术的发展，数字标牌的主流正从插入记录有内容的 USB 等记录媒体，即可在显示器上显示的"独立型"，逐渐转向引进物联网技术的"网络传送型"转换。

由于可以经由互联网在任何地方传送内容，因此网络传送型数字标牌可以一次向多个数字标牌上传送内容，完全没有必要另行准备记录媒体；并且可以瞬间更新内容。

◆ 与客户交流的数字标牌

即便引进了数字标牌，如果仅仅不断重复播放内容也达不到集客效果。但现在通过与人脸识别系统连接，对来往于显示器周边的行人年龄或性别进行识别并相应地自动切换内容的数字标牌逐渐成为主流。

通过与智能手机连接，数字标牌上没有显示的信息会显示在智能手机的画面上，与 SNS 连接能够从数字标牌向客户的 SNS 账户上传内容，和智能手机的联动也使数字标牌越发受到重视。

识别行人显示内容

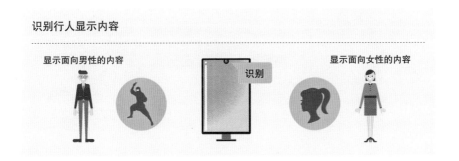

显示面向男性的内容　识别　显示面向女性的内容

物联网对公共交通情况的 "可视化"

每天使用的公共交通不一定都会准时准点到达。

为了提高使用者的便捷性，需要传送可视化运行情况以及

更高精度的定位服务 (Location Service)。

◆ 需求高涨的定位服务

公交和电车等公共交通常被限速、堵车、事故和施工等交通状况所左右，因此经常会有比时刻表规定的到站时间晚的情况。对于乘客而言，过了到站时间车还没有来，一定会让很多人感到不安。

满足乘客这一需求的就是"定位服务"。由于可利用车载 GPS 获取准确的定位信息，所以能够告诉我们车辆现在的位置、需要几分钟到达等信息。不仅是预测到达时间，乘客还可以实时掌握交通拥堵等运行信息。近年来，使用电光导向板、标柱、网站、智能手机或偶极子天线程序等提供定位服务的交通公司正在增加。

定位服务的运行机制

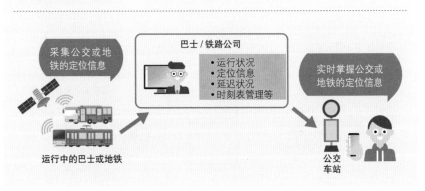

采集公交或地铁的定位信息

巴士／铁路公司
• 运行状况
• 定位信息
• 延迟状况
• 时刻表管理等

实时掌握公交或地铁的定位信息

运行中的巴士或地铁

公交车站

◆ 积极利用定位服务

以往的定位服务主要是以可视化定位信息和运行信息为主的，但现在通过与物联网技术的组合，这项服务被赋予了更为广泛的用途。

比如，大型高速公交公司 WILLEREXPRESS 引进了能够检测出睡意的可穿戴传感器，建立了在检测出疲劳和睡意后提醒驾驶员注意或催促休息的系统，在员工健康管理和降低车辆损伤产生的损失成本方面取得了成绩。在小田急地铁，不仅通过专用程序传送列车的实时运行情况和各车站的结构图以及拥挤情况，还安装了与物联网连动的传感器，以显示厕所使用情况，此类程序因集中了乘客想了解的信息而深受好评。

尽管定位服务对于乘客和交通公司有众多优点，但由于需要在车辆或公交站安装信标以及定期传送定位信息的通信线路设备等，成本负担愈加沉重，因此对于无盈利的交通公司或地方政府而言引进确实有一定困难。为了解决这一问题，各地积极开展了各种概念验证。札幌市让乘客下载专用程序并提供定位信息和 ID，进行了大规模的旨在引进高效低成本定位服务的概念验证。通过使用者的参与，减轻了公交公司引进和运行的成本负担，并有望提供更为便捷的交通服务。

定位服务也有缺点

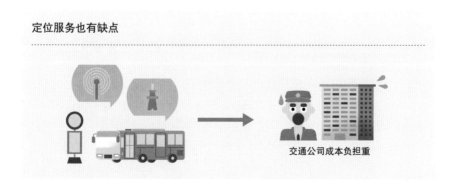

交通公司成本负担重

物联网改变
结账方式

随着来日本旅游人数的增加，省去每次结账都
用现金或信用卡的麻烦、实现无现金结算成为
当务之急。目前，政府正在主导推动建设引进
物联网技术的结算系统。

◆ 日本停滞不前的无现金结算的普及

　　现在，信用卡、移动结算、电子货币（IC卡）等的推广，让购物结
算时的支付方法越发多样化。在日本，线上购物 80% 以上使用信用卡结
算，而在商店当场结算时则更多选择现金支付。

　　近年来，世界去现金化的趋势正在加速。在日本也由政府主导推动，
但是与其他国家相比，受到现金流通比率高、较强的现金主义倾向、高额
的无现金结算专用终端、对安全的不安等各种因素的影响，日本的去现金
化实际上仍处于停滞状态。即便仅仅为了 2020 年东京奥运会和残奥会可
预测入境人数的增加，也有必要尽早构建无现金结算的环境。

线上购物支付方式

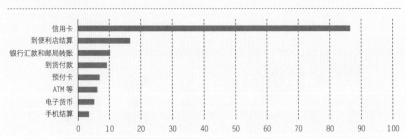

根据 MyVoiceComm 株式会社 "线上购物支付方式"。

◆ 使用可穿戴设备的物联网结算

在手表和戒指等直接佩戴并随身走动的可穿戴设备上安装物联网结算功能的商品不断问世。特别在英国，近年来这种非接触型结算方法骤然增多。

在日本，这类商品的销售还不是很多。如果能够普及，即便拿着行李也没有必要特意取出钱包或 IC 卡，有望实现轻松无压力的购物体验。

使用可穿戴设备的物联网结算场景

安装物联网结算功能的可穿戴设备"McLEAR"。只要将设备照在终端上就能够结算的指环型可穿戴设备，预计 2020 年开始在日本销售。

◆ 如何普及无现金结算

无论物联网结算如何便捷，泄露个人信息以及利用侧录器盗刷的问题都令人担忧，因此犹豫不决的消费者也不在少数。实现去现金化的过程中，创造环境固然重要，然而消除使用者对安全的担忧，令其加深理解更为重要。

目前，确保物联网结算安全的核心技术是移动结算和网络银行等也在使用的"标记化（Tokenization）技术"。这一技术将信用卡号等机密数据转换为只能用于特定机器的被称为支付标记（Token）的密码进行交易验证。

通过金融与物联网
结合强化金融科技

对引进物联网等最新技术的金融服务
"FinTech"感兴趣的消费者正在增加。
它将会给日本金融界带来什么样的变革，
今后的动向值得关注。

◆ 金融界的趋势"FinTech"是什么？

近年来，以互联网为中心在各种媒体流行着"FinTech"一词。FinTech是"Finance（金融）"和"Technology（技术）"的组合，最早原本是在金融界使用的词语，但现在不仅金融业，在其他很多行业中也成了热门话题。

在 FinTech 中尤其重要的是"区块链"。区块链是构成虚拟货币比特币的要素之一，分散管理是其特征。由于没有像银行那样的中心管理机构，任何人都可以参加，因此能够确保数据的准确性。同时，区块链抵御系统障碍能力强，具备高度的安全性。

区块链与中央集权型系统的不同

中央集权型　　　　　　　　　区块链

◆ 从中央集权型向区块链转型

中央集权型系统有着中央计算机出故障会影响整个系统的弱点，而如果是分散型管理系统的区块链，即便特定计算机遭到黑客攻击，也能够通过连接了云的其他计算机的数据进行复原和修复，因此可以说安全系统十分强固。计算机之间时常相互确认和监视兼容性以防止修改数据也是其特征之一，同时，区块链的系统构筑简便且廉价，因此世界正在整体上推动从传统金融系统向以区块链为基础的金融系统转型。

◆ 强化 FinTech 的尝试

在金融领域已经开始了进一步深化 FinTech 尖端技术的尝试，并被视为创造新价值的事物。

比如美国 Ally 公司提供的"Splarge"软件，在登记使用者有过度消费倾向的商店和朋友的联络方式后，只要靠近登记过的商店就会向朋友发送信息，防止使用者浪费钱财。由于 GPS 能够检测出所在位置，因此可以实时监视使用者的行动。

"Splarge" 的概念图

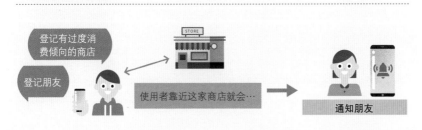

113

利用物联网的
金融服务的未来

现在的金融行业正处在从传统金融系统向利用
物联网技术等的新时代金融系统转型的过渡期。
基于云的新金融服务较以往进一步提升了便捷性。

◆ 具有代表性的云金融

在日本，提供的云金融服务中，有的包括将信用卡的使用账单或银行账户信息等放在云上，客户便可以掌握资产情况的内容。随着世界潮流应运而生的 FinTech 服务给客户提供了前所未有的便捷性。

作为日本国内众所周知的 FinTech 代表性服务——云会计软件 "Freee"正在与银行或信用卡公司等金融机构以及交通用 IC 卡等线上服务进行合作，只要同期设置，就可以自动获取使用记录。

云会计服务 "Freee" 的运行机制

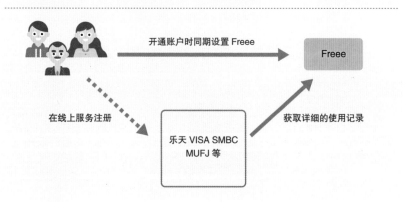

◆ 日本金融服务的展望

在海外，金融机构的云化迅速普及。特别是在备受瞩目的 IT 大国爱沙尼亚，其绝大部分的电子交易和结账都已置换为基于云计算的系统。日本近年来总算开始正式起步，但据说追上爱沙尼亚至少要 30 年。而修改银行法后，金融机构的"开放 API"措施也许可称为第一步。

近年来，随着 IT 的发展，出现了基于物联网和大数据等以往不可能得到的信息的服务项目。金融机构为了建设更高便捷性的系统，也期待 API 能成为创新服务的手段。

API 是 "Application Programming Interface" 的略称，即能够与外部软件相互交换数据的技术。银行等金融机构对安全性要求高，以保存准确数据为目的，因此对与外部软件进行链接并不是很积极。但是，随着物联网和人工智能等尖端技术的发展，仅仅靠银行内部产生新服务已快到极限，于是出现了活用外部灵感创造革新性服务的动向。

开放 API 是什么?

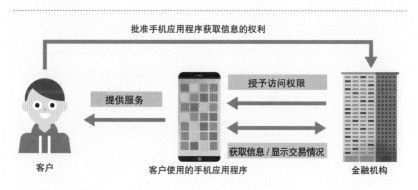

批准手机应用程序获取信息的权利

提供服务　　授予访问权限

获取信息 / 显示交易情况

客户　　　　客户使用的手机应用程序　　　　金融机构

具备通信功能的
"智能电表"

智能电表的运行机制

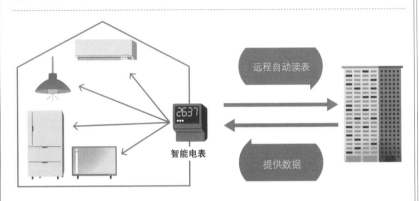

智能电表

远程自动读表

提供数据

　　普通住宅和公寓等一定会安装电表测量用电量并计算电费。以往一般是数字转动的模拟型电表，每月一次电力工作人员进家通过目视确认使用量。但是，由于少子化和老龄化，很难确保检测员的数量，查表时间不等、搞不清何时使用了多少电量等，也是现行系统存在的问题。为了解决这些问题，正在积极推动更换具有通信功能的"智能电表"。

　　智能电表会以每30分钟1次的间隔自动读取用电量，并发送至电力公司。预计2020年初前完成全部客户的安装，不需要客户支付施工费用和在场。由于不需要目视读表，电力公司可以削减人力成本，而使用者也能够通过网站或程序等的"电力可视化服务"掌握特定时间段的用电量，有助于消费者及时采取节电措施。

PART

7

医疗、护理产业会
如此改变！

物联网减轻护理
工作的负担

在发达国家中，日本的老龄化尤为严重，需要护理的老年人日趋增多。
现在，通过使用物联网技术减轻护理设施、护理人员和在家护理的家属负担的
尝试已经正式开始。

◆ 从努力护理到"不用那么努力"护理

护理包括就餐、换纸尿裤、洗澡、打扫和辅助运动等，1 天内需要完
成的事情涉及多个方面，而且还必须长期坚持。

护理设施的人力不足也很严重。即便需要护理的程度已经达到入住护
理设施的标准，但实际上由于护理设施不足，只能在家等待的人在全国各
地都有所增加。70% 以上需要护理的人只能选择在家护理，这给护理人带
来了身体上和精神上的双重负担。为了减轻护理人的负担，实现"不用那
么努力"的护理，就有必要充分利用物联网技术的护理系统。

◆ 减轻护理负担的物联网服务

护理行业严重人手不足，因此为了少量人数也能高效完成工作，协助
护理的物联网机器开始受到关注。

在床上或房顶等安装生命体征传感器，监测被护理者的脉搏、呼吸、
身体动态及其他异常的"看护系统"、减轻转乘交通工具或转换动作时对
膝盖和腰负担的"护理机器人"、安装专用机器使用显示器显示内脏状况
并通知排尿时机的"排泄预知系统"等，引进这些服务的护理设施逐渐
增多。

NECNesic 正在提供利用物联网检测并通知被护理者床上状况的"支援看护病床方案"。由于还可以获取生活节奏和生命体征等各种信息，这个方案不仅可以帮助被护理者，还能够减轻护理员工的负担。

"支援看护病床方案"的运行机制

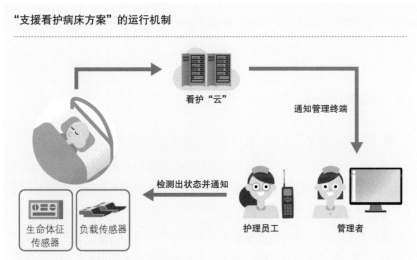

从安装在床上的传感器获取生命体征和负载信息等并发送至"看护云"。将积累下来的信息发送到管理终端，有助于改善护理计划等。

◆ 通过在家护理的物联网化实践自然护理

在家护理很难做到像护理设施那样 24 小时看护。为此，有必要充实符合生活方式或生活空间的服务和机器。

目前，正在积极开发在空调上安装传感器以掌握睡眠状态和活动量的"智能空调"、协助被护理者购物和散步的"助手手推车"等装备。这些都是利用物联网技术改善日常生活，使用频率很高的家电或工具。通过利用这些机器和服务，以往困难的 24 小时看护成为可能，同时又能够照顾到隐私和精神压力，实现不妨碍日常生活的自然护理。

利用"生活音"的
看护服务

目前，出现了有助于医疗和护理的各种形式的看护服务。
其中，着眼于生活中出现的"声音"的看护服务由于
既照顾到了个人隐私又能进行看护而深受欢迎。

◆ 传统看护服务的缺点

　　单独生活的老年人或者有幼儿的家庭在出现某些问题时能够马上有人
赶来，这种看护服务的需求日渐高涨。现在在日本，提供着探访员直接到
访的访问型服务、传感器长时间无反应的情况下自动通知家人或保安公司
的传感型服务、使用摄像头或麦克风等设备的服务、手持专用终端行走并
可实时掌握定位信息的服务等多种看护服务。但是，由于担心在何处做何
事被泄露、或者有被监视的心理压力而犹豫利用这些看护服务的人也有很
多，因此仍面临着相对于需求，市场规模依旧很小的现状。

面向老年人的看护服务的主要内容

摄像头

在门厅安装摄像头监视生
活状况

传感器

在房间或床上安装人感传
感器，当一定时间没有反
应时通知家人

赶来帮助

被看护对象在家中或外出
时受伤或摔倒时赶来帮助

◆ 开始着眼于生活声音的看护服务

随着近年来物联网技术的发展，针对传统看护服务的缺点，出现了改善保护个人隐私措施的服务。特别是采集脚步声、开关门声、家电产品的使用声音等"生活声音"，通过人工智能分析并联系看护人或管理中心的看护服务备受瞩目。

富士通开始推出利用物联网或可穿戴设备采集并分析有无生活迹象或摔倒等的信息，从而提供高质量看护和安心舒适生活空间的看护服务项目。如果是重视"声音"的看护服务，对于不喜欢摄像头监视或访问者到访确认状况的被看护者来说也许比较容易接受。而且，从传感器或可穿戴设备等检测并分析出咳嗽或呼噜声，以此可推测出被看护者的健康状态。独居者往往很难注意到睡眠中的身体状况。如果有很好的看护服务的环境，能够向被看护者和看护者推荐医疗机构的问诊或通报医疗机构，就能够早期发现或预防病症。

使用物联网采集生活声音的看护服务

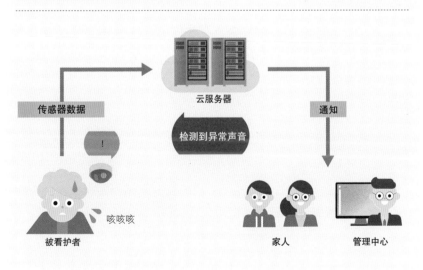

物联网解决护理行业的人手不足

在严重人手不足的护理行业，受少子化和老龄化的影响，
预计今后护理人员的负担将会比以往更加沉重。
为了改善护理人员的劳动环境以稳定"军心"，
物联网新护理服务的研究正在推动之中。

◆ 控制不住的护理行业人手不足

　　护理保险法规定了护理设施的人员标准，护理设施要为入住定员数配备相应的护理员数量。比如，在特定护理设施中，必须为每3位护理度2级以上的入住者配置1名护理人员。但是，护理工作包括就餐、更换纸尿裤、扫除和辅助运动等众多必须做的事情，因此护理人员的身体和精神负担很重，这就很难保持稳定的员工队伍。如果只符合现行标准就会导致人手不足并影响护理设施的正常运作，为此破产者也不在少数。

　　为了解决这些问题，重新设定人员标准和护理体系势在必行，也有必要同时考虑如何减少工作内容和提高效率。

护理行业的离职率

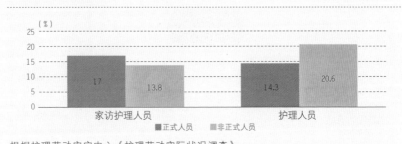

根据护理劳动安定中心《护理劳动实际状况调查》。

◆ 利用传感器提高工作效率

在护理中辅助排泄的工作负担最重。不仅每个人的排泄时机或要求辅助的程度不同，而且动作慢了很有可能能有损被护理者的尊严，因此工作优先度高，容易挤压其他工作。目前，通过安装传感器的机械辅助这种负担重的排泄护理颇受期待。

Triple W Japan 开发了通知排泄时机的排泄预知可穿戴设备"DFree"。只要将专门辅助工具穿在下腹部，安装在内部的超音波传感器就会预测排尿和排便的时机，而与智能手机应用程序连接后就会提前发出"现在积攒了××%。×× 分钟后是如厕时间"的通知。如果利用了 DFree，护理员工能够在被护理者大小便意到来之时迅速赶到，便可以在合适时机辅助如厕或更换纸尿裤。由于不需要在规定时间辅助如厕，也就减轻了护理人员的负担并提高了工作效率。

除此之外，对体力负担重的洗澡进行辅助的机器人、制定符合每位入住者特性的护理计划的人工智能等取代护理人员的各种商品，其实用化已经开始了概念认证。

DFree 的运行机制

| 穿上 DFree | 由超音波传感器
通知排泄时机 | 减轻护理人员的
负担 |

物联网改变医疗！
线上远程医疗诊断

少子化和老龄化的现代社会对医疗需求越来越大。

住在偏远地区或希望在家疗养的患者很难定期去医院。

现在，使用物联网机器不用选择地点和时间便能够接受

诊断的服务受到关注。

◆ 现代日本地方和城市不断扩大的医疗差距

日本有所有国民均加入健康保险的"国民皆保健"制度。但是，即便同一病症，接受医疗机构诊断的次数、住院期间和治疗内容也有明显的差距。人均医疗费的差距最大为 2.6 倍，不能说是平等。在日本东部，每 10 万人所拥有的病床数很少，存在医疗费低的倾向；而在日本西部，病床数较多却有医疗费高的倾向，这是因为无法定期去医院才采取住院措施，因此增加了医疗费。为了弥补这种医疗差距，也有必要推动远程医疗诊断的建设。

◆ 开设远程医疗诊断服务的医疗机构正在增加

2015 年 8 月，厚生劳动省解除了以往只有偏僻地区居民或在家疗养患者在面对面问诊困难的情况下才被允许进行"远程医疗诊断"的禁令。以此为契机，民间 IT 企业不断推出远程诊断的线上服务。由于使用了互联网，距离很远也可接受专家医生的诊断，在家也能进行健康咨询。最近，在智能手机或平板设备等身边的物联网机器下载程序，通过视频通话或语音通话接受诊断的服务非常受欢迎。

OPTiM 公司与 MRT 共同研发了"PocketDoctor"程序，通过智能手机或平板设备的电视电话进行诊断。不仅能够预约，由于具有信用卡结算的功能，诊断后处方和药品还可以邮寄到家。

远程医疗诊断构想图

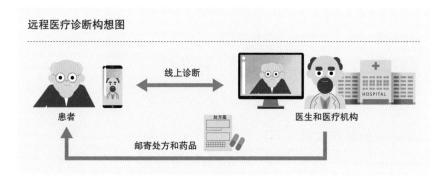

◆ 面对面诊断与远程诊断

远程医疗服务因为不必选择时间和地点就能够接受诊断而十分方便，但由于正式启动时间尚短，因此问题也堆积如山。尤其严重的是假冒医生或病人的问题。作为对策，可以考虑以指纹或静脉等特定个人体征作为区别的"生命体识别技术"；而如果比较医疗质量，那么至少目前为止，面对面诊断比远程诊断更让人放心。

面对面诊断与远程诊断的利弊

	面对面诊断	远程诊断
优点	• 安心感 • 信息量大 • 能够当场拿到处方	• 医疗费便宜 • 不用去医院即可轻松接受诊断 • 节省等待时间
缺点	• 等待时间长 • 定期去医院耗费精力	• 信息有限 • 责任范围问题 • 难以获得安心感 • 取药耗时较长

物联网实现
智能医院！

为了实现医疗服务行业利用最新物联网技术的
"智能医院构想"，已经出现了各种各样的尝试。
智能医院构想不仅有可能从根本上改变传统医疗体系，
还将创造出新的商业机会。

◆ 未来的医疗体系

在现代日本，由于生活模式的多样化，利用传统医疗体系却无法定期去医院的事例正在增多。而且，急速迈进超老龄化社会导致从事医疗事业的人才不断减少，这种状况持续下去将会使医疗体系面临崩溃的危机。

着眼于物联网技术发展的"智能医院构想"备受关注。智能医院是利用了传感器等机器、智能手机、平板设备以及可穿戴设备等，将医疗机构、患者及家庭连接在云上的系统。系统的优势在于患者通过提供实时的健康数据提高治疗精度，医疗机构也可依靠少量人数进行高效率的治疗和经营。

◆ 优势①：将分散的医疗数据进行一元化管理

智能医院的优势之一是以往在各家医院保管的医疗数据能够在云上共享。尤其是老年患者有着多种疾病或者在多个诊科接受治疗的情况。通过将诊断结果或处方单等分散的医疗数据集中在云服务器上，就能够提供适合患者的最佳医疗方案。

医疗数据的云化

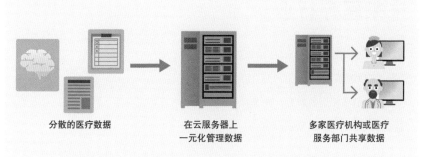

分散的医疗数据　　在云服务器上　　多家医疗机构或医疗
　　　　　　　　一元化管理数据　　服务部门共享数据

为了医疗数据云化，有必要采取比以往更加重视个人隐私的安全措施。

◆ 优势②：获取实时健康数据

　　智慧医院的优势之二是可穿戴设备能够采集、记录和汇总患者的脉搏、体温、血压和活动量等实时信息。而医疗工作者也可以通过患者穿戴的设备，迅速发现患者的变化并作出应对。

通过可穿戴设备与护理机器的连接采集生命体征数据

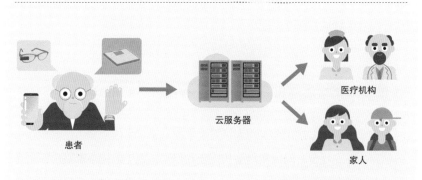

患者　　　　云服务器　　医疗机构

家人

血压和体重等可穿戴设备无法测量的数据，可以通过与物联网化的身体成分测试仪或血压计等护理器械连接进行采集。

物联网改变治疗的
未来医疗行业

医疗行业的未来发展目标是"预防医疗"。
目前，作为前期阶段，医疗行业使用物联网机器
连接医疗机构和患者双方，通过实现"可视化"
推动提供更高精度治疗的智能化。

◆ 医疗"可视化"的必要性

随着医疗技术的发展，就连曾经被视为不治之症的癌症也可以通过早期发现做到基本治愈。但是，"生病了再治"的传统医疗方针导致很难早期发现和治疗疾病。因此，现在正在推动从现行医疗方针向物联网技术医疗"可视化"的转型。

为了早期发现疾病，客户也有必要提高日常的健康意识。比如，如果使用智能手机或可穿戴设备等身边的机器将具有互联网功能的护理器械等测量的健康数据可视化，那么通过这种服务就有助于提高使用者的健康意识。也出现了非单纯的数据可视化服务，即通过程序与医疗机构合作，分析检测健康数据并提出建议。

◆ 提高手术精准度和效率的智能治疗室

在手术现场，医生和工作人员需要掌握从手术室内众多医疗器械获取的信息，并在规定时间内作出最佳判断。但是，由于以往手术室由医生作主，即医生向负责器械的专门工作人员口头确认状况，因此不易实现信息共享是其问题所在。

而"智能治疗室"可以消除传统手术的缺点。通过连接使用了物联网技术的各种医疗器械和设备，医生和工作人员之间通过图像确认手术进展和患者状况等信息并顺利实现共享，手术的精准度和效率得以飞跃提高。

东京女子医科大学的智能治疗室

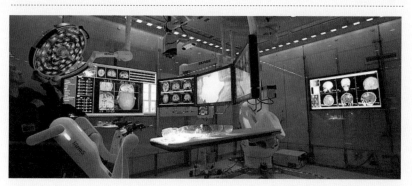

东京女子医科大学设置的智能治疗室。通过各种医疗仪器的网络化能够降低医疗事故，有助于提升治疗技能。

◆ 物联网化是走向预防医疗的第一步

医疗行业既包括患有疾病的患者，也包括健康人，了解现在自己的健康状态和将来有可能发生的健康风险，所有人都参与预防行动的"预防医疗"将是新一代的医疗方针。

作为医疗机器物联网化的下一阶段，利用人工智能的"预测医疗"已经启程。预测医疗就是人工智能学习并分析遗传基因的解析结果、临床数据、诊断结果等医疗信息组成的大数据，并由此预测患者的风险，顺利制定有预见性治疗方案的系统。

众多的医生之间已经达成共识，医疗行业使用人工智能的时代在未来数年或数十年内一定会到来。但是，不仅技术方面，如何消除对人工智能诊断有抵触的医生和患者的不安也是一大课题。

专栏　　　　　　　　｜　　围绕物联网的话题

医院面临的威胁：
安全问题与对策

电子病历成为黑客的攻击对象

医疗产业物联网化在有众多优点的同时，也存在着一个大问题，就是如何从黑客攻击中保护医疗数据这一最为隐私的个人信息的安全，同时充分加以利用。近年来，世界上网络安全的风险越发加大，医院成为网络攻击对象的案例日益增多。其中，在日本，医疗界正在利用通过互联网实现几家机构信息共享的"电子病历"，病例中包括年龄、性别、医疗记录和保险信息等各种信息。可以说因此成为黑客绝好的攻击对象，而信息泄露引起的重大影响也着实令人担忧。

以往，为了保护个人信息，医院将电子病历等高保密性的医疗信息与互联网隔离，单独存放在医院内独自的网络系统（HIS）以确保安全。但是，随着地区合作医疗的推动，诊疗所或药店等众多关联组织也连接上了医院内部网络，因此，发生来自外部的篡改信息或有目的的信息泄露的风险也随之加大。为了减轻黑客攻击的风险，除了引进安全系统，还要掌握连接了互联网的所有医疗器械的状态并进行彻底管理，同时提高每位工作人员的安全知识和安全意识也十分重要。

PART

8

物联网社会的
未来

利用物联网的
商务模式问世！

如果开发出利用了物联网的商品和服务，

如何将其活用于商业是一个重要议题。

以下将介绍并探讨企业通过物联网获取新收益的

商业模式成功案例。

◆ 开了应用程序商店（App Store）的"Fitbit"

读者对仅仅佩戴就可以自动记录行走步数、卡路里消耗量、睡眠状态、心率等健康数据的可穿戴设备"Fitbit"畅销日本的事情还记忆犹新。以前以开发性能良好的健身追踪器（Fitness Tracker）为强项的 Fitbit 设备，以系列产品第一款的手表型设备"Fitbit Ionic"的销售为契机，将之作为加强企业用护理设备的一环，建立了独特的应用程序商店，从而开发出在应用程序商店公开个人或企业开发的程序，并可下载的新型商业模式。

◆ 提高了建设机械使用效率的"KOMTRAX"

作为日本国内物联网商业模式的成功代表案例，建设机械厂商小松制作所开发的"KOMTRAX"非常有名。这个系统通过在建设机械上安装物联网机器，采集分析车辆的位置、开工时间、开工状况等数据，可以获取所在地、燃料余量和故障信息等，还能够根据需要使用显示器，远程操作发动机停止作业。

通过准确预测建设机械的故障并迅速采取措施，能够提高开工率和削减保养服务费，也有助于防止偷盗。而且，不仅是单纯的销售和出租建设机械，使用数据对改进商品也会发挥作用，对小松制作所和顾客双方都有利。这一系统受到好评，目前小松制作所约有 30 万台建设机械活跃在世界各地的建筑工地，长远看正在稳步扩大着市场份额。

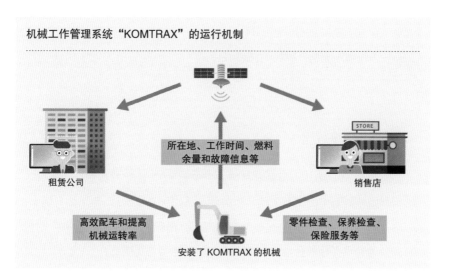

机械工作管理系统 "KOMTRAX" 的运行机制

租赁公司

所在地、工作时间、燃料余量和故障信息等

销售店

高效配车和提高机械运转率

安装了 KOMTRAX 的机械

零件检查、保养检查、保险服务等

◆ 构筑利用了物联网平台的商业模式

近年来，像 Amazon（亚马逊）和 Twitter（推特）等那样让其他公司制造和提供商品，自己提供商业场所的 "平台" 型商业模式成为主流。使用了物联网技术的商业分析物联网机器采集到庞大的大数据并予以可视化，在性质上与平台型的商业是相似的。企业单独提供开发、采购零件、采集数据、分析、宣传、销售、售后服务等一系列商业活动，从成本和人才的角度都不现实。但是，通过利用市场已有的平台，就可以超越企业和个人的框架进入客户参加型的 "水平物联网平台"。

物联网加速
工业 4.0

德国举国上下推动的制造业数字化项目
"工业 4.0"因物联网而得到飞速发展。
工业 4.0 将会如何影响日本制造业值得关注。

◆ 工业 4.0 是什么?

与物联网一样,成为世界趋势的"工业 4.0"是德国政府旨在发展数字化制造业而制定的国家工程,也被称为第四次产业革命。除了部分国家,劳动力不足问题同样出现在其他发达国家,而到 2030 年几乎所有发达国家都会遇到世界性的劳动人口危机。特别是德国尤其严重。

基于这一背景,德国以产业中具有国际竞争力的制造业为中心,官民一体推动工业 4.0 以实现生产数字化和工作高效化。如果不采取任何措施,到 2030 年左右几乎所有国家都将不可避免地发生严重的"2030 年问题"。

◆ 工业 4.0 的措施

在工业 4.0 的倡导国德国,作为长期发展战略的由政府主导的制造业数字化正在顺利进行。特别是作为主导产业的汽车产业成果颇丰。

比如,大众汽车所有工作都采用数字化系统,为了将汽车尽快送到顾客手中,努力提高每道工序的效率。接到订单的同时便开始生产,安装上通过无线频率判别每位顾客订货的"RFID 标记",一揽子管理制造车身、喷漆和组装等工作。在制造工序上通过机器人与员工的互相配合，实现了安全且准确的生产。德国工业4.0已经取得了一定成果，但由于集中于制造业，如何解决其他产业领域数字化的迟缓发展将是今后的课题。

基于工业4.0的智能工厂

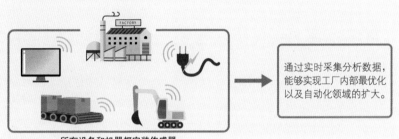

所有设备和机器都安装传感器

代表着工业4.0具体化的尖端工厂——"智能工厂"，能够通过将工厂内各种机器的物联网化，实时采集并分析数据。

◆ 日本工业4.0

与其他发达国家相比起跑晚了一步的、和德国一样将制造业作为主导产业的日本。利用物联网提高制造业效率的日本工业4.0得到不断推广。日本经济产业省明确指出，今后日本政府将主导并推动"无人驾驶·移动服务""生产制造·机器人学""生物·材料""工厂·基础设施安全保养""智能生活"五个重点领域的发展。

在课题之一的中坚及中小型制造业物联网化方面，提出符合企业规模和需求的低成本物联网应用工具，即"智能制造辅助工具"这一具有日本特色的支持方案等也已开始启动。而另一个课题的网络安全方面也开始了加强人才培养的工作。

物联网提高对游客的
服务质量

在举办东京奥运会和残奥会的 2020 年，将会有大量外国游客涌入东京。
同时东京之外的地方观光需求也有望增加，
为了实现高精度的日本极致关怀式服务，利用物联网的尝试已经开始。

◆ 通过物联网"极致关怀"云事业，使极致关怀服务更加顺畅

　　2020 年东京奥运会和残奥会召开时，入境人数将大幅增加。但是，即便是首都东京，也没有充分满足访日游客顺利移动、观光、购物和住宿的机制。少子化和老龄化带来的人才不足无论哪个行业都已经非常严重，仅仅依靠"人"的极致关怀是有局限的。

　　作为对策，总务省基于访日外国人的属性信息，推动了使用物联网服务与多种服务合作的"物联网极致关怀云事业"。将国家、性别和年龄等属性信息通过智能手机等物联网设备登记在云上并发行专用 ID 卡。访日外国人每次使用服务都会从云服务器呼出信息，这是一个可在不给外国游客增添任何压力的同时提供最佳服务的机制，预计到 2020 年完成建设。

物联网极致关怀云构造

基本属性信息，护照数据等

物联网极致关怀云

票据服务台　　　入住登记　　　与交通公司合作

◆ **将消费向地方观光分散的物联网服务**

如要充分利用入境人数增加的机会，就必须避免将人群和消费集中于东京一地。为此各地展开了应用物联网向地方分散观光消费的概念验证。

Kyonaka 株式会社正在提供分散外国游客观光消费的"KOI（来吧）服务"。这项服务使用物联网和信标分析外国游客的国别和性别等，通过智能手机应用程序自动发送符合这位游客需求的餐饮店和观光设施等信息。通过提供尚未被外国游客熟知的餐饮店、体验设施或商店街等信息，为振兴地方经济作出贡献。信标消费电力少，使用时间长，对于地方自治体的经济负担小是其魅力所在。

KOI 服务设想图

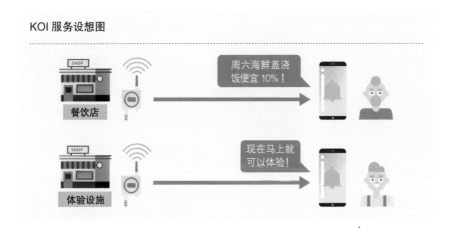

◆ **物联网极致关怀云的问题**

通过各种概念验证，与原有顾客管理系统的云合作，与服务提供者的合作，解决烦琐的属性信息输入问题等实践，物联网极致关怀云亟待解决的问题也渐渐明朗。提供高精度的信息和服务需要众多属性信息，但是产品最终要客户提供的信息到什么程度，又要分析利用到什么程度，相关规则的制定是当务之急。

东京奥运会、残奥会将成为
物联网大跃进的一年吗？

奥运会和残奥会是体育盛会的同时，也带来了各种技术创新。
2020 年东京奥运会也有望引进新的技术。

◆ 带来创新的奥林匹克年

　　1964 年东京奥运会开通的新干线，1968 年墨西哥城奥运会彩色电视
的普及等，迄今为止 4 年 1 次举办的奥运会和残奥会都带来了巨大的技术
创新。近年来的奥运会上，2000 年悉尼奥运会普及了数码摄像机，2012 年
伦敦奥运会用智能手机观看比赛，推特数达到了 1.5 亿，重现了一幅辉煌
的历史画面。2020 年即将迎来在日本第二次举办的奥运盛会，届时会引进
什么样的新技术备受世界瞩目。

日本 GDP 的推移和奥林匹克年的创新

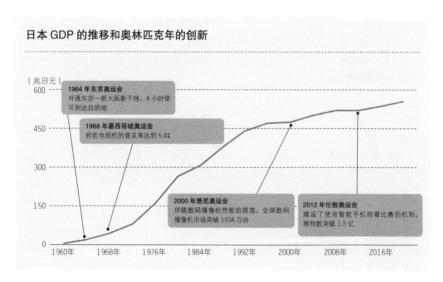

◆2020 年东京奥运会值得期待的新技术

在东京奥运会和残奥会上，运用了物联网的新技术将受到瞩目。在此介绍一下大会有引进意向的、目前已在新技术计划中公开的内容。

公开的新技术

完全自动驾驶让移动更顺畅

东京奥运会新技术引进计划的亮点就是完全自动驾驶系统。告知目的地后，就会采集和分析从人造卫星或街道上安装的监控录像等获取的实时交通信息，计算出安全且最短路线后由无人出租车送乘客前往目的地，预计 2020 年实现实用化。

机器人陪同外国游客观看比赛

将会有众多游客从世界各地赶来观看比赛。为此，正在推动将能够对应所有语言的自动翻译机器人分配到会场周边的安装计划。这一作为能够提供日本独特的极致关怀工具被寄予很高的期待。

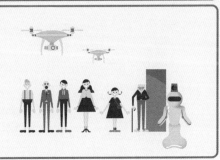

通过物联网警备系统加强反恐措施

奥运会期间将有各种人到访，也有人担心会出现治安恶化的情况。为此，组委会公布了使用安装有 4K 摄像头的警戒无人机和机器人、通过生物识别技术迅速判别可疑人员的可穿戴设备摄像头等物联网最新警备系统，以及与警察合作加强警备的计划。

由物联网加速的
共享经济的未来

有效利用闲置资产的"共享经济"市场
正在世界范围内扩大。
在日本也同样出现了各种充满想法的共
享经济服务并成为热门话题。

◆ 共享物品和服务的"共享经济"

通过互联网将场所、交通工具、服务、人才、技能等闲置资产与需要的人匹配、共享或交换的新经济体系——"共享经济"，正在全世界的范围内渗透到生活之中。

共享经济不仅提供和消费服务，也暗含着解决社会问题的可能性。比如，即便很难在原有雇佣形态中找到工作的人也能够有效利用碎片时间获得工作。在观光领域，通过活用疏远化地区有吸引力的闲置资产，很有可能找到有效吸引游客的方案。

共享经济能够得以如此渗透的原因归根结底在于智能手机和 SNS 的普及。而且日本自古以来就有近邻之间互帮互助的传统根基。这一传统和共享经济非常投缘，尤其是通过利用实时获取和分析人与物定位信息和工作状况的物联网，将会使共享经济进一步加速发展。

◆ 利用了物联网的共享经济

把自行车出租给客户，再由客户返还到指定地点的共享自行车与物联网非常匹配。通过智能手机应用程序检索自行车停车场，预约出租和结算也不再需要通过人办理烦琐的手续。而且由于通过在自行车和端口安装 GPS 和传感器，能够掌握使用状况、获取自行车的定位信息以防止偷盗，以及检索顺畅的回收路线等，均可大大削减初期费用，降低运行成本。

　　预计 2020 年东京奥运会、残奥会将有大量游客入境，而因此可能有爆发性增长的共享经济服务领域就是民宿。民宿的运作需要确认本人身份、管理个人信息、交钥匙、协助住宿者等众多烦琐的工作，但现在出现了使用物联网代替这些工作的服务。由于比以往的代理服务便宜，因此深受打算开始民宿经营的个人和房地产商的关注。

掌握定位防止偷盗和轻松回收！共享自行车

民宿＋物联网

未来的家仅仅居住
就能获得健康？

将家电和住宅的各种机器网络化的"智
能住宅"隐藏着众多潜力。
在不断加剧的差异化中，出现了以人们
关心的"健康"为主题的智能住宅构想。

◆ 加速发展的世界智能住宅市场

智能住宅是将家电和机器与互联网连接实现网络化，并通过互联网连接实现对住宅整体的一元化管理。

最近，不仅住宅厂商，就连线上购物最大商家 Amazon 和汽车厂家丰田等，不同行业参与智能住宅市场的企业都在不断增加。比如，Amazon 的智能音箱"Amazon Echo"采用了只用声音就可以操作匹配家电的系统，稳步扩大了市场份额。而丰田采用了不仅将家具家电，还将公司的主力产品汽车也纳入智能住宅网络中的技术，开发出即便驾驶中无法松手，但只要与车内显示器交谈就能够远程操作家电的系统。

在众多企业利用自身各种强项建设住宅之际，以很多消费者都非常关心的"健康"为主题的智能住宅需求尤为高涨，预计将会成为发展尚较迟缓的日本智能住宅市场的新契机。

◆ 智能住宅与护理的融合

护理器械中，可穿戴设备以及血压计、人体组成测量计等应对物联网的产品不断增多。已经出现了通过智能手机对这些可穿戴设备和护理机器进行一揽子管理的系统，尤其通过与住宅的家电和传感器相连接，能够实现更高质量的健康管理。比如，为了实现高质量睡眠，从床或房顶的传感器采集和分析睡眠节奏，并通过调节关灯时间和自动开关窗帘时间以确保长时间休息睡眠。而在洗面台镜子显示采集到的健康数据，能够获得专家建议的服务也开始使用。也许在不远的将来能够实现完全像科幻小说般的生活。

引进护理功能的智能住宅设想图

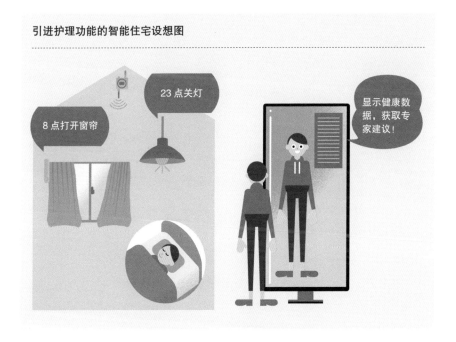

◆ **智能住宅的课题**

毫无疑问，智能住宅将成为未来住宅建筑的标准。在市场刚刚兴起的现在，尚未能统一规格，引进设备的费用也较高昂。另外，从作为个人信息宝库的住宅采集到的数据如何利用与管理也将成为课题。

专业词汇

IoT

"Internet of Things"的略称，一般称之为"物联网"。最近，不仅计算机和智能手机，电视和数码摄像机等数码家电连接互联网的倾向也有所增强。物联网是一项通过将空调、洗衣机和冰箱等身边所有物品连接至网络而使生活更加便捷的技术，被期待应用于制造业、农业、医疗等，从日常生活到产业、组织的各个领域。

M2M

"Machine to Machine"的略称，机器之间相互交换信息的技术。各种物品连接互联网，因此不通过人而是通过连接物交换信息，自动进行控制。由于是机器之间进行有效控制，因此高端操作也成为可能，可以进行自动运作系统、自动控制住宅用电、从生产到订货的自动化等，预计在众多领域均可应用。

人工智能（AI）

由计算机取代人类进行理解语言和逻辑等人类从事的知识工作的技术。按级别分为"强人工智能"和"弱人工智能"。强人工智能像人类一样拥有自我意识并能够从事人类的工作。弱人工智能虽然能够取代部分人类智能，但无法从事需要包括自我意识在内的认知能力的工作，只能进行有限的处理。

大数据（Big Data）

使用传统数据库很难记录、保管和解析的巨大数据。数据不仅数量大，且包含各种种类和形式。定义大数据的要素有"Volume（数据量）""Variety（数据种类和多样化）""Velocity（数据速度和出现频率）"三点。由于大数据的利用，以往无法进行的大规模数据分析成为可能，有助于创造出新的商业模式。

智能音箱（Smart Speaker）

拥有可进行对话式操作声音的人工智能助手功能音箱，也被称为"人工智能音箱"。人与音箱对话后，音箱内部安装的麦克风便可识别声音并查询或播放音乐等。智能音箱只要与适配电视和照明家电等相连接，仅通过声音就可以进行操作。

牙低能耗（Bluetooth Low Energy）"发送信息的终端或通信方式。信标可以掌握定位信息并发送利用信标的商品信息。

可穿戴设备 (Wearable Device)

在手腕、胳膊、头部等人体部位上安装的可利用终端的总称。有腕表型、眼镜型和戒指型等各种类型。可以测量心率和血压、记录睡眠时间等不仅有助于健康管理，也可应用于医疗、工厂和建筑工地等领域。

自动驾驶

人类不用驾驶也能自动行走的汽车，被分为 0~5 级。级别 0 是驾驶员进行所有操作。级别 1 是辅助转向或加减速中的某一项。级别 2 是转向和同时辅助加减速，目前销售的都是安装了级别 2 的汽车。级别 3 能在特定场所进行所有自动操作，但在紧急状况下由驾驶员操作。级别 4 能够在特定场所完全进行所有自动化操作，即便紧急状况时也由系统完成。级别 5 是指在所有状况下均可完全自动化操作，因此不需要驾驶员。

信标（Beacon）

使用低耗电的近距离无线技术"蓝

数字营销（Digital Marketing）

网站、电子邮件、智能手机应用程序等，利用各种数字数据寻求与顾客交汇点的营销手段。能够集中多个渠道，迅速掌握顾客反应。

全渠道零售（Omni-Channel Retailing）

为了拥有与顾客的交汇点，整合实体渠道和电子商务渠道等所有销售渠道的思路或战略。顾客无论从任何渠道都能顺利购买到商品。

金融科技（Fin Tech）

金融（Finance）和技术（Technology）的组合词，是利用 IT 技术的金融服务。据说 2008 年的次信贷危机是其诞生的契机。可开展个人结算、储蓄、法人会计和财务等多种服务。

区块链（Blockchain）

分散型网络，是构成比特币核心交易数据的技术，是一种不通过金融机构而客户间相互管理的系统结构。

图书在版编目（CIP）数据

物联网／日本 IoT 产业技术研究会、株式会社 Delivery Consulting 著；刘星译．—北京：中国工人出版社，2020.10
（未来 IT 图解）
ISBN 978-7-5008-7510-9

Ⅰ.①物…　Ⅱ.①日…②刘…　Ⅲ.①物联网—图解　Ⅳ.① TP393.4-64 ② TP18-64

中国版本图书馆 CIP 数据核字（2020）第 204675 号

著作权合同登记号：图字 01-2020-4674

未来IT图解：物联网

出 版 人	王娇萍
责任编辑	董 虹　董佳琳　金 伟
责任印制	栾征宇
出版发行	中国工人出版社
地　　址	北京市东城区鼓楼外大街 45 号　邮编：100120
网　　址	http://www.wp-china.com
电　　话	（010）62005043（总编室）　（010）62005039（印制管理中心）（010）62004005（万川文化项目组）
发行热线	（010）62005996　82029051
经　　销	各地书店
印　　刷	北京盛通印刷股份有限公司
开　　本	880 毫米 ×1230 毫米　1/32
印　　张	5
字　　数	120 千字
版　　次	2021 年 1 月第 1 版　2021 年 1 月第 1 次印刷
定　　价	46.00 元